Gerd H. Meyden

Himbeerbock und Bergschuh-Rührei

Jagderzählungen

Leopold Stocker Verlag
Graz – Stuttgart

Titelgestaltung: DSR | Werbeagentur Rypka GmbH, 8020 Graz
Titelbild: Gerd H. Meyden
Die Bilder im Innenteil stammen vom Autor.

Bibliografische Information der Deutschen Nationalbibliothek
Die Deutsche Nationalbibliothek verzeichnet diese Publikation in der Deutschen Nationalbibliografie; detaillierte bibliografische Daten sind im Internet unter http://dnb.d-nb.de abrufbar.

Hinweis:
Dieses Buch wurde auf chlorfreiem Papier gedruckt.
Die zum Schutz vor Verschmutzung verwendete Einschweißfolie ist aus Polyethylen chlor- und schwefelfrei hergestellt. Diese umweltfreundliche Folie verhält sich grundwasserneutral, ist voll recyclingfähig und verbrennt in Müllverbrennungsanlagen völlig ungiftig.

ISBN 978-3-7020-1486-5

Printed in Austria
Layout: graphik + design gernot ziegler, 8054 Graz/Seiersberg
Druck: Druckerei Theiss GmbH, 9431 St. Stefan

Inhalt

Jäger, was tust du?

Als ich ein blutjunger Jäger war, hatte ich in der Prägungsphase das Glück – ähnlich einem jungen Hund – an den richtigen Ausbilder, das heißt Lehrprinzen zu geraten. Dietrich Graf Bülow-Dennewitz – oder Onkel Dietrich, wie ich ihn nennen durfte – war ein Mann mit hoher ethischer Gesinnung. Er gab mir die weidmännischen, moralischen Grundsätze mit auf den Weg, welche die Achtung vor dem Mitgeschöpf gebieten. Dazu den sich daraus ergebenden Schlüsselsatz, den ich bei allem jägerischen Tun immer erneut abfragen müsse: „Jäger, was tust du da?“ Danach soll ich mein Handeln richten.

Ich muss gestehen, dass ich mich nicht immer daran gehalten habe. Ähnlich einem jungen Hund – um bei dieser Metapher zu bleiben – ging mit mir manchmal die allzu heiße Passion durch. Was ich dann getan habe, habe ich hernach, weil mir diese Maxime wieder in den Sinn kam, bereut. Doch wichtig war, dass ich mir dessen bewusst wurde und so hat sich dieser Grundsatz mit der Zeit so fest in meinen Handlungsablauf eingenistet, dass er mich vor vielen Taten (oder Untaten) bewahrt hat. Vor vielen Taten, die dem Mitgeschöpf Angst und Leid zugefügt hätten. Denn „Jagen“, so sagte mein Lehrprinz, „ist kein Sport, Jagen ist eine gänzlich andere Sache als Bergsteigen oder Segeln. Das Ziel der Jagd ist letzten Endes der Tod eines Tieres.“

Wenn wir Darwin ernst nehmen, dann müssen wir auch seine Ansicht über die Entwicklung des Menschen teilen. Demnach hat sich der eine Zweig unserer Ahnen, der in grauer Vorzeit mit Früchten und Beeren zufrieden war, zu Affen entwickelt, während aus dem anderen Zweig, der zum Jagen gezwungen war, der Mensch erwachsen ist. Seit es seit etwa 15.000 Jahren Ackerbau und Viehzucht gibt, sind nun zwei Wege für den Menschen gangbar. Er hat auf beiden Wegen die ethische Verpflichtung gegenüber dem Mitgeschöpf. Sie ist nicht teilbar. Sie gilt genauso dem Tierzüchter wie dem Jäger. Schauen wir genau hin, wer was daraus macht!

Die Jagd erfährt schnellen Wandel, ob uns das passt oder nicht, denn „alles fließt". Viele Jäger fürchten – mit Recht –, dass wir in Zukunft nicht mehr so jagen werden können, wie wir es lieben. Das ist, ob wir es wahrhaben wollen oder nicht, unser eigenes, hausgemachtes Problem. Gerne wird es auf die Jagdgegner, die Feinde der Jagd, geschoben. Es liegt jedoch an uns, wie wir uns der Öffentlichkeit darstellen. Mit arrogantem Gehabe gegenüber anderen Naturnutzern, mit einem Äußeren, das an militärische Sonderkommandos erinnert, werden wir den Prozess des Niedergangs der Jagd nur noch beschleunigen. Der Feind ist nicht außen – er ist innen.

Vor etlichen Jahren unterhielt ich mich nach einer Drückjagd im Staatsforst – „kill for cash" – mit einem Berufsjägerlehrling. Da ich stets nach den Treiben Nachsuchen machte, wusste ich, was ihm „im Magen lag", als er bekümmert meinte: „Hoffentlich werden wir das nicht einmal büßen müssen!"

Der angehende Berufsjäger hatte von sich aus das richtige Empfinden und die entsprechenden Skrupel. Es bleibt zu hoffen, dass diese Einstellung nicht durch den Druck „von oben" verloren gegangen ist. Wir zwei haben lange über das Jagen diskutiert und waren uns einig, dass es ein Handwerk ist. Bei jedem Handwerk macht man ungewollt Fehler, das ist so. Dennoch ist und bleibt das oberste Gebot der Jagd die Weidgerechtigkeit. Sie bedeutet Fairness gegenüber dem Mitgeschöpf, sie will ihm Angst, Schmerz und Schrecken ersparen. Wer das beherzigt und lebt, den kann man unbesorgt begrüßen mit „Weidmannsheil".

Jäger, Reviere und Zeiten

Wutkreischendes Gebrüll. Urweltliches Kampfgetöse schreckt mich aus meinen Gedanken. Zwei Keiler sind aneinandergeraten. Ganz nah, nur knapp zwanzig Meter neben meiner Kanzel. Sehen kann ich sie nicht, höre nur Getümmel in der Dickung. Äste krachen, kleine Fichtenwipfel schwanken. Dumpfes Schalengetrommel, das sich entfernt. Der Sieger prescht dem Schwächeren hinterdrein. Stille. Kein anderer Laut. Nur das Harfen des Windes in den Baumkronen.

Neben meinem Ansitz huscht ein Baumläufer den Fichtenstamm empor. In jede Rindenspalte stochert sein suchender Schnabel. Mich beachtet er nicht. Wäre nicht der Kampf der beiden rauschigen Keiler gewesen, ich könnte denken, wir zwei seien in weitem Umkreis die einzigen Wesen.

Einsamkeit zu finden ist immer eines der Ziele meines Jagens gewesen. Fast könnt' ich sagen, die Jagd war nur ein Vorwand, allein zu sein. Kobell hat es auf den Punkt gebracht: „Den Schwätzern aus dem Weg zu geh'n und keinen Narren mehr zu seh'n." Mit den Jahren bin ich nicht mehr so brausepulverig und mit dem Beutemachen ist's nimmer so dringend. Obwohl mir das Jägerherz noch ganz gehörig einheizen kann.

Jetzt bin ich hier im Staatsforst in einer Gruppe von Jägern, die sich zweimal pro Woche zum gemeinsamen Ansitz zusammenfindet. Ein paar Kilometer nur bin ich von meinem Haus entfernt, in einer knappen Viertelstunde wäre ich wieder daheim. Wer hat's so schön wie ich? Kommt was und passt's, ist's recht. Ich werde nur das erlegen, was ich allein für richtig halte. Kommt nichts, ist's genauso recht. Kein Druck zur Abschusserfüllung, keine Sorge um Wildbretverkauf, kein Ärger mit Wildschaden, Verbissgutachten, wildfeindlich aufgehetzten Jagdgenossen. Ich kann die Stunden des Ansitzes voll genießen. Denn all diese erwähnte Jagdfreuden-Beikost, die hatte ich fast ein ganzes Jägerleben lang als Dreingabe. Nun schaue ich der hinter den Wipfeln versinkenden Sonne zu, lausche dem Raunen und Rauschen des Windes in den Zweigen und folge meinen Gedanken zurück zu den Stationen meines Jagens.

Gejagt habe ich bereits, als ich meine ersten frühkindlichen Erkundungen im elterlichen Garten machte. Alles, was ich erwischen konnte, ob Biene, Hummel, Schmetterling oder Käfer, all das war meine Beute. In den kostbaren Einmachgläsern, die ich dem Haushalt stibitzte, summte, brummte und krabbelte es. Mit den Jahren wandelten sich meine Fang- und Jagdmethoden und mit ihnen die Beutestücke. Steinschleuder, Luftgewehr. Der übliche Weg.

Sechzehnjährig war ich endlich legaler, geprüfter Jäger und schon eine bekannte Figur in der Hundeführerszene. Hatte ich doch soeben meinen Kurzhaarrüden mit einem 1a-Preis durch Solms- und Verbandsjugendprüfung gebracht. Das blieb nicht unbemerkt und kam mir als revierlosem Jungjäger zustatten. Dazu kam die Bläsergruppe des BJV-München. Wir waren seinerzeit unter den ersten, die nach dem Krieg diesen Brauch wieder ausübten. Onkel Dietrich – unser Lehrmeister, Graf Bülow-Dennewitz – hat mich mit seiner hohen Gesinnung von Ethik, der Achtung vor dem Mitgeschöpf, früh und tief geprägt. Noch heute gibt's in Augsburg, der letzten Station seines Lebens, einen sehr lebendigen, ihn verehrenden Kreis seiner einstigen, dortigen Schüler und deren jagenden Nachkommen. Durch die Jagdhornbläserei kam ich viel herum, denn kaum eine Bezirksgruppe hatte noch ein eigenes Bläserkorps.

Ein „alter" Herr namens Heinz Hobbhahn, er mochte aus meiner damaligen Sicht gewiss schon das „Greisenalter" von 55 Jahren erreicht haben, wurde, wohlerzogen, wie man damals war, bei meinen Eltern vorstellig. Selbst kinderlos geblieben, war er

Pächter des großen Reviers Puchheim, einer Nachbargemeinde unseres damaligen Wohnorts. Meinem Bruder und mir bot er kostenloses Begehungsrecht. Wir sollten die Jagdaufsicht machen und uns um den Rehwildbestand kümmern. Er selbst war nur an der Flintenjagd interessiert. Geboren und aufgewachsen in Ägypten, hatte er in den dortigen Flugwildeldorados seine Leidenschaft des schnellen Schrotschusses entdeckt. Deshalb machte er zur Bedingung, dass wir auf Hasen, Rebhühner und Enten nur in seiner Begleitung jagen dürften. Ausschlaggebend für dieses unglaublich großzügige Angebot war unser Hund, denn er selbst hatte nur einen bresthaften, dennoch heiß geliebten, alten Dackel. Rehe gab's dort in den Nachkriegsjahren nicht allzu viele. Dafür hatten die amerikanischen Besatzer und sonstige stille Teilhaber gründlich gesorgt. Doch allein auf die Jagd gehen zu dürfen, Ringeltauben, Raubwild und Raubzeug bejagen zu können, das war mehr, als ich mir erträumen konnte. Und hin und wieder ein Reh erlegen. Wobei nicht allzu genau geschaut wurde, ob der Bock schon reif für die Kugel war. Dass ich mit dem Jugendjagdschein noch nicht allein jagen durfte, das scherte weder mich noch sonst irgendjemanden.

Die neun bis zwölf Kilometer ins Revier fuhr man mit dem Rad. Die Büchse über dem Rucksack auf dem Buckel, der Kurzhaar trabte nebenher. So ging's durch die Dörfer. Saß eine Katze am Wegesrand, gab's oftmals Ärger … Bis der Hund begriff, dass die Miezen innerorts tabu waren.

Ab und zu tauchte auf dieser Bühne der Mitpächter unseres Gönners auf. Nennen wir ihn Maxl. Nicht, dass mir seine Nachfahren noch den Kadi auf den Hals schicken. Im Gegensatz zu Hobbhahn, der stets so daherkam, wie man sich einen französischen Jäger vorstellt – mit kess schräger Baskenmütze und der Zigarette im Mundwinkel –, wirkte jener wie eine Karikatur von Geilfuß. Der rund- und blutdruckrotköpfige, behäbige, lodengewandete Bayer. Seine untersetzte Erscheinung mit einem Gesicht, einer aufgequollenen Semmel ähnlich, ließ auf einen gemütlichen Menschen schließen.

Mit ihm hatte es eine besondere Bewandtnis. War er nämlich wieder einmal abgetaucht, was jährlich ein- bis zweimal vorkam, erfuhren wir, dass er in die Nervenheilanstalt Eglfing eingewiesen wurde. Irrenhaus sagte man damals. Der Spottvers im Dorf lautete: „Eglfing mach's Türle auf, der Maxl kommt im Dauerlauf!" Das jeweils sichere Anzeichen, dass ein neuerlicher Anfall seines Irreseins bevorstand, war folgendes: Er öffnete die Ofentür und pieselte mit vollem Strahl in die Flammen, dass es zischte. Darauf musste man ihn schleunigst einweisen, denn diese „Löschaktion" war ein Alarmsignal. Danach ging's rund; er wurde aggressiv, randalierte, schmiss Gläser und Geschirr durch die Gegend und verprügelte jeden, der ihm über den Weg lief. Nach ein paar Monaten Therapie erschien er wieder, war brav, lammfromm und kümmerte sich, als wär' nichts gewesen, um seinen großen Bauernhof. Im Herbst ging er sogar wieder mit auf die Jagd. Heutzutage undenkbar, dass ein Mensch mit einem solchen Defekt eine Waffe führen dürfte. Mir war er aufgrund seiner gewissen Unberechenbarkeit unheimlich, sodass ich bei Hasenstampereien, wenn er mit von der Partie war, auf die Teilnahme verzichtete. Ich hatte einmal seine Fünferschrote auf die Lederhose bekommen. Das tut einen teuflischen Schlag und brennt höllisch. An einer Wiederholung war ich, trotz aller Jagdpassion, nicht interessiert.

Im Laufe der Jahre erholte sich unser Rehbestand. Wir hatten Fütterungen eingerichtet, solide Hochstände gebaut, mit den Nachbarn Wildfolge und Grenzfrieden vereinbart. Das Revier war bestens gepflegt. Und Teilhaber Maxl, der immer wieder verschwand und neu aufkreuzte, entdeckte nun, da man allenthalben Rehe sah, seine Passion für die Bockjagd. Dagegen war nichts von meiner untergeordneten Position aus zu sagen, er war ja schließlich Mitpächter und mit seinem Landbesitz auch noch bedeutender Jagdgenosse. Mit dieser neu entdeckten, ungebremsten Leidenschaft trat jedoch ein Umstand ein, gegen den ich glaubte einschreiten zu müssen.

Wir hatten mit Zustimmung unseres Jagdnachbarn Lindinger 50 Meter vor der gemeinsamen Grenze einen Hochstand gebaut. Mit komfortabler, breiter Sitzbank, Lehne und Fußraste. Die Leiter war so schräg gestellt, dass unser Kurzhaar Birko ebenfalls bequem auf- und absteigen konnte. Der Hochstand diente hauptsächlich zum Fuchspassen und zur Beobachtung. Im Gegenzug hatte der Nachbar nach 100 Metern auf seiner Seite der Grenze eine Kanzel stehen. Ab und zu wurde wechselseitig auch das eine oder andere Reh erlegt. Alle Beteiligten waren damit einverstanden und der Frieden ging sogar so weit, dass Lindinger uns Gebrüder auch mal auf seine Jagd einlud. Doch diese Harmonie wurde nun durch Maxls Schießlust arg strapaziert. Er saß nämlich ausschließlich auf diesem bequemen Grenzsitz und jedes Reh, das sich dort zeigte, „ward des (mehr oder weniger) sichren Rohrs Gewinn“. Da von meiner Seite mit diesem Grenzschinder nicht zu reden war, wandte ich mich an seinen Kompagnon, an Hobbhahn. Der kratzte sich seinen ägyptischen Ramseskopf – den hatte er tatsächlich – und pfiff mich zurück. Das gehe mich nichts an, es sei das Recht des Mitpächters. Der könne ansitzen, wann und wo er wolle. Punkt! Nun schritt ich zur Selbsthilfe. Nicht legal, aber drastisch – greifbar drastisch.

Mit einem jagdbegeisterten Schulfreund wollte ich an dem Hochstand eine kleine „bauliche“ Veränderung vornehmen. Wir standen gerade beratend vor dem Ansitz, als sich Zweifel an der Wirksamkeit meines Plans meldeten – denn ich wollte ja den Hochstand auch selbst hin und wieder nutzen. Da hatte der Freund plötzlich eine Idee: Es kam ihn nämlich ein „menschliches Rühren“ an. Das war die Lösung! Wie liest man's in Schillers „Wilhelm Tell“: „Er kniete nieder, drückte ab – und das Werk der Befreiung war getan.“

Die Wirkung war durchschlagend. Wie erhofft. Der Maxl stieg anderntags („mordgierig und heiter“, wie es bei Wilhelm Busch heißt) die Leiter empor und wollte sich im ersten Frühmorgendämmern auf der Sitzbank niederlassen. Dabei langte er voll in die Bescherung.

Er muss sich fürchterlich aufgeführt haben, als er sich bei meinem Gönner ob dieses „Bubenstücks“ beschwert hatte. Er sagte „ruchloses Bubenstück“. Das war allerdings nicht so ganz das passende Adjektiv dafür. Es war klar, der Verdacht musste auf mich fallen. Hätte ich meinen Schnabel gehalten und mich nicht nutzlos beschwert, der Sturm wäre an mir vorübergezogen. So aber beorderte mich Hobbhahn zu sich. Vor Zorn spuckte er wie ein Lama. Augen rollend, mit vielen „Saukrüppel“ und „elendiger Hundsbua“ wurde ich der Schandtat bezichtigt. Ich hätte mich dort auf dem Hochstand einer Verfehlung schuldig gemacht. Nun, mein Freund hatte den Sitz keineswegs verfehlt. Ich dagegen konnte beschwören, dass ich es nicht war, der dort oben etwas hinterlassen hätte. Doch mein nicht zu unterdrückendes, sieghaftes Grinsen verriet mich. Ich bekam für den Herbst Jagdverbot. Gleichzeitig verschwand der Maxl. Nach einer erneuten „Feuerlöschaktion“ wurde er für ziemlich lange Zeit hinter den Mauern der Anstalt verwahrt. Vielleicht hatte der Ärger seine wackligen Nervenstränge zu sehr durcheinandergebracht. Grausam, wie Jugend nun einmal sein kann, freute mich mein „Sieg“. Ins Revier bin ich dennoch gefahren, ohne Waffe. Mit meinem Bruder. Der hatte. Der durfte.

Im darauffolgenden Frühjahr war ich wieder in Gnaden, denn man brauchte mich … zur Glockenweihe. Hobbhahn hatte eine größere Spende für die neuen Glocken von Puchheim gemacht und bot der Gemeinde überdies an, dass seine zwei jungen Jäger dem Festzug Jagdhorn blasend voranschreiten würden. Die feierliche Prozession zur Kirche quer durchs Dorf wurde nun mangels Bombardon, Pauken und Trompeten mit unseren Jagdhörnern geleitet. Da uns für den langen Marsch an der Spitze der Prozession nur die üblichen Signale geläufig waren, wurde die neue Glocke halt auch mit „Sau tot“ begrüßt.

Die frühen Fünfzigerjahre waren noch weit entfernt vom heutigen Drang zum Perfekten. Vieles, was heute unmöglich wäre, sah man recht locker. Die Bürger waren froh, die Kriegszeit hinter sich zu haben. Meine Eltern, die, wie wir Brüder, Heimat,

Hab und Gut verloren hatten, schauten nach vorn und packten kräftig an. Dabei ermöglichten sie uns Buben nach Kräften den Einstieg ins Jägerleben. Bei mir ging es so weit, dass ich unbedingt die höhere Forstlaufbahn einschlagen wollte. Wie ein Exot, schon im Vorgriff auf den ersehnten Beruf in einer Forstuniformjacke, auf dem Kopf den seitlich hochgeschlagenen Forstuniformhut, so fuhr ich täglich nach München ins Gymnasium. Es spricht für Toleranz oder aber es war den Mitschülern völlig wurscht, wie ich aussah, dass sich keiner über diesen Aufzug lustig machte. In der heutigen Gleichförmigkeit, wo sich der Normalmensch nicht aus der Reihe der Modelabels zu tanzen getraut, wär's ein Unding, als Schüler so herumzulaufen. Vielleicht kämen gar die Männer mit der weißen, nur hinten zu knöpfenden Jacke.

Folgendes Bild aus jener Zeit: Ein Sechzehnjähriger steht am Bahnhof und wartet auf den Vorortszug aus München. Ein Fahrrad lehnt an seiner Seite. Daneben sitzt brav ein Deutsch-Kurzhaar. Über der Schulter des Buben hängt eine Doppelflinte. Natürlich ohne Futteral. An seiner Jagdtasche baumeln zwei erlegte Wildenten. Der junge Mann erwartet seine Freundin, die von der Schule heimkommt. In diesem malerischen Aufzug geleitet der junge Jäger seine Angebetete heim. Ein Bild wie aus der biedermeierlichen „Gartenlaube". Heute würde das eilig herbeigerufene Sondereinsatzkommando der Polizei die lauschige Szene schnell beenden und den vermutlich geistesgestörten potenziellen Amokläufer unter Einsatz von Hubschrauberüberwachung dingfest machen.

Wie gesagt, man sah's locker, die Zeiten waren damals noch nicht vom allgemeinen Misstrauen vergiftet. Die „Segnung" der „Amerikanik aus zweiter Hand" hatte bei uns noch nicht Einzug gehalten.

Für meinen Einstieg in die spätere Laufbahn besorgte ich mir forstliche Lehrbücher. Schmeil-Fitschen und ähnliche Literatur über Waldbau. Besser, ich hätte mich um Latein und vor allem um Mathe gekümmert. Ich sah mich schon als Forstmeister in einem großen Wald oder besser noch in einem Hochgebirgsrevier.

Dieser „grüne“ Höhenflug erlebte nach einiger Zeit einen jähen Absturz.

Als Jagdhornbläser des Münchner BJV kam ich viel mit hochgestellten, ministerialen Persönlichkeiten der Forstpartie zusammen. Einem dieser hohen Herren schwärmte ich von meinem Lebensziel vor. Nach ein paar Fragen zu meiner Person kam wie eine kalte Dusche die niederschmetternde Ernüchterung: „Junger Freund“, verkündete der Ministerialrat mit Grabesstimme, „vergessen Sie's! Sie sind evangelisch. Da haben Sie bei uns in Bayern keine Chance, es sei denn, Sie stammten aus einer altgedienten Försterdynastie. Und auch noch als Zugereister (er vermied den Ausdruck „Preiß“), ach du lieber Gott! (er rollte dabei seine Augen gen Himmel wie die heilige Anna) Da haben Sie überhaupt keine Aussicht.“

Aus der Traum! Die Uniformteile verschwanden in der Versenkung. Hatte ich zu schnell aufgegeben? Weitere Nachfragen bei anderen Männern der grünen Zunft bestätigten die düstere Vorhersage. Ein ernüchterter Zivilist mit tiefgrünem Herzen machte sich weiter auf seinen Weg.

Mein Vater, der selbst aus einer Lehrer- und Beamtenfamilie stammte und dessen zahlreiche Geschwister wohlbestallte Studienräte, Notare und Ärzte waren, zeigte sich weniger enttäuscht. Er selbst war als freier Kaufmann ebenfalls aus einer für ihn als spießig empfundenen Laufbahn ausgeschert. Sicher bot ihm das biedere Lebensbild der beamteten Verwandtschaft genügend Anlass zum Spott. Und so tröstete er mich mit dem Argument, dass mein freiheitsliebender Charakter keinesfalls für eine Laufbahn der Unterordnung geeignet sei. Gewiss sah er das mit einer falschen Dioptrie, denn ich kenne auch Beamte, die mir nicht wie Buckeltiere vorkommen. Sicher steckte hinter seinem Spott der heimliche Wunsch, seinen Jüngsten auch in die Kaufmannslaufbahn zu dirigieren.

Lassen Sie mich jedoch bei meiner Jägerlaufbahn bleiben. Die Hundeliebe, besser Hundevernarrtheit, die bei meinem Vater zeitweilig zur Verdunklung des Ehehimmels führen konnte, hatte bei mir erblich voll durchgeschlagen. Selbstverständlich mit voller Unterstützung des Erzeugers. So schenkte er seinen jagdfixierten Söhnen eine Deutsch-Kurzhaarhündin. Mit ihr begannen wir zu züchten. Aus unserem Zwinger „v. d. Achenburg" entsprossen in der Folgezeit weit über die Grenzen Bayerns hinaus bekannte, erfolgreiche Hunde. Es blieb nicht bei deren Verkauf, sondern zwei der neuen Besitzer baten mich, die Hunde mit der notwendigen Ausbildung bis zur Vollgebrauchsprüfung „VGP" abzuführen. Dies eröffnete mir neue und erweiterte Jagdmöglichkeiten.

Einer der neuen Hundebesitzer namens Krug hatte neben einem kleinen Niederwildrevier ganz in der Nähe unseres – will sagen Hobbhahns – Reviers an einem Teil des Ammersee-Ufers Entenjagd- und Fischereirecht. Es lag ganz im südöstlichen Teil, im sogenannten Fischener Winkel. Die Jagd war nur aus dem Kahn möglich, denn das feste Ufer war Jagdgrenze. Doch dazwischen lag eine breite Schilfzone. Ein wahres Entenjagdparadies! Die Hunde mussten zum Apportieren eventuell angeschossener Enten, die sich ins Schilf geflüchtet hatten, von Bord springen. Das war das kleinere Problem. Mit der Beute im Fang jedoch wieder an Bord zu kommen, war weit schwieriger. Aber das lernten Hunde wie Jäger auch. Der Hund musste zuerst schwimmenderweise seine Beute ausgeben. Die wurde, so sie denn noch lebte, zuerst abgetan, dann erst hievte man den Hund über die Bordwand. Solange das Wetter einigermaßen warm war, gab es da keine Probleme. War jedoch gar Frost, so konnte ich den Hund, der ja nach der Arbeit nass wie ein Wasserratz war, in diesem Zustand nicht lange im Boot lassen. Zudem wurde man bei dieser Aktion selbst nass. Also verbot sich die Jagd im beginnenden Winter von selbst. Eine Winterjagd ist mir jedoch im Gedächtnis geblieben. Der Jagdherr Krug wollte anlässlich meines Geburtstags am 1. Dezember noch eine Jahresabschlussjagd veranstalten. Er wollte damit auch seinen Dank abstatten, denn ich hatte seinen Liebling „Dirk v. d. Achenburg" mit einem 1. Preis durch die VGP gebracht. Zu der Zeit waren immens viele

Enten unterwegs. Als wir uns dem Bootshaus näherten, spiegelte der Ammersee mit einer funkelnden Eisfläche. Nur der Fischener Winkel, also unser Jagdgebiet, war jedoch zugefroren. Die übrige Seefläche war durch die Wellenbewegung noch eisfrei geblieben. Doch wir hackten uns unverdrossen eine mehrere hundert Meter lange Gasse durch das zentimeterdicke Eis bis zu einer winzigen Insel vor dem Schilfmeer. In der Dämmerung begann nun ein toller Entenstrich. Alle Vögel, die wir vom Himmel holten, schlugen krachend durchs Eis und blieben fixiert am Ort ihres Einschlags. Die Bergung nach Ende des „Flintenlichts“ war ein Kapitel für sich. Warum, so fragten wir uns, nachdem mit dem Tageslicht auch das Jagdfieber erloschen war, mussten wir auch so viele Enten schießen.

Ein wahres Jägerparadies eröffnete sich mir, als die Kurzhaarhündin „Cita vom Schweiklberg“ meine Gefährtin wurde. Als Decktaxe unseres „Birko v. d. Achenburg“ suchte ich sie mir aus dem schönen Wurf von „Amsel vom Schweiklberg“ aus. Eine glücklichere Wahl hat wohl selten ein Jäger getan. Zu der Zeit, als es in den oberbayrischen Gauen noch wenig Maisanbau, dafür umso mehr Niederwild gab, schauten die Besitzer und Pächter der einschlägigen Reviere nach exzellenten Hunden und sicheren Schützen aus, die ihnen bei der Ernte der Hasen, Fasanen, Rebhühner und Enten zur Seite standen. Damals beherrschten geschäftliche Vorteile noch nicht den alleinigen Grund für Jagdeinladungen, die jägerischen Qualitäten waren zumindest gleichwertig. Das Paradies im Erdinger Moos bei Goldach/Notzing habe ich bereits an anderer Stelle besungen. Durch Jagdgäste, die auch Zugang zu anderen Revieren hatten, wurde unser guter Ruf weitergetragen. Es kam nicht selten vor, dass ein mir beigestellter Schütze vor lauter Bewunderung der Arbeit meines Hundes das Schießen vergaß, so gebannt verfolgte er die Suche der Hündin. Nun – mir war’s recht, Schießen konnte ich auch allein. Wenn die Hühner Anfang Oktober nur noch schlecht hielten, dann holte die kluge Braune in weitem Bogen aus, damit sie sich am Ende der Deckung dem laufenden Wild vorlegen konnte. Sie wusste genau, worauf es uns ankam und zog ihre eigenen Schlüsse für ihr Handeln. Von den jeweiligen Jagdherren wurden uns Brüdern zwei bis drei weitere Schützen mitgegeben. Mein Bruder jagte dann mit seinem Birko und ich mit dessen Tochter Cita in einem anderen Team. Manchmal musste ich dabei auch Erziehungsarbeit bei sogenannten „alten“ Jägern leisten. Aus Konkurrenzneid schossen sie das aufstehende Wild viel zu nah, ließen es nicht ausstreichen. Da der Jagdherr ja das Wild verkaufen wollte, gab es jeweils ein berechtigtes Donnerwetter, wenn zerschossene Beute abgeliefert wurde. Es war dann meine Aufgabe, die Schützen meiner Gruppe zur Ordnung zu rufen. Es war nicht einfach, sich als so junger Jäger gegen oftmals Herren von Rang und Namen durchzusetzen. Mich hatte jedoch mein Lehrprinz schon früh darauf geprägt, dass beim Jagen äußerste Disziplin erforderlich sei. Ist es doch eine ernste Sache, bei der es auch um den Tod eines Mitgeschöpfes geht. Diese Ordnung einzufordern braucht es halt manchmal drastische Worte.

So führten mich meine grünen Pfade in ein nächstes Eldorado. Es war das Revier Eching. Autofahrer kennen die weite Landschaft östlich der A9 in der Münchner Kiesebene. Eine wegen des wasserdurchlässigen Untergrundes besonders für Hasen günstige Heimstatt. Der damalige Pächter war Ludwig Stocker, der Besitzer der Hofpfisterei mit dem heute ob seiner überragenden Qualität, weit über Bayerns Grenzen hinaus, zu recht berühmten „Pfister-Brot“. Er war damals ein schon in den Siebzigern stehender Mann. In den oft brütend heißen Septembertagen jagte er mit uns den ganzen Tag auf Rebhühner, wobei man viele Kilometer hinter den Hunden durch Kartoffelfelder und Rübenäcker herstolperte. Wenn uns Jungspunden gegen Mittag die Zunge vor lauter Durst bis zum Gürtel herabhing (für die Hunde hatten wir Wasser dabei), war der alte Herr noch immer taufrisch und er lachte uns aus: „Was is’, meine Herr’n, den Acker da hint’, den nemer doch a no?“ Saßen wir bei einer späteren Rast in seinem Jagdhaus, in der „Echinger Loh“, dem großen Eichenwald, beieinander, so trank er nur Wasser. Für seine Gäste standen alle möglichen anderen Getränke, auch alkoholische, zur Verfügung. Wir fragten ihn einmal ob seiner Abstinenz. Da erzählte er uns eine beeindruckende Geschichte.

Er hatte einst erhebliche Gesundheitsprobleme, sodass ihm das Leben wenig Freude machte. Die Gänge von Arzt zu Arzt brachten außer hohen Rechnungen keine Besserung. Da geriet er an einen – damals sagte man Gesundheitsapostel – namens Are Waerland. Dessen Lehre vom gesunden Leben, die auch heute noch genauso aktuell ist wie seinerzeit, bescherte unserem Freund und Gönner eine eiserne Gesundheit. Allerdings mied er nun Fleisch und wurde, wie er sagte, zum „Körnerfresser“. Sobald eine Kost anfing, ihm zu schmecken, musste er auf eine andere umwechseln. Dadurch wurde der Stoffwechsel angeregt und die Schlacken bauten sich schneller ab. Ludwig Stocker war der beste Beweis für die Effektivität der Waerland-Kost. Sicher hat dieser Einfluss in der Folge auch die Ausrichtung seiner Brotherstellung auf rein ökologisch erzeugte Zutaten bewirkt.

Die Hasenjagden waren von, man könnte fast sagen, „böhmischen“ Wildmengen gesegnet. Nach den Feld-Kesseln kam der große Wald-Trieb. Dabei wurde die „Echinger-Loh“ umstellt. Eines dieser Treiben, bei dem über 500 Hasen geschossen wurden, ist mir unvergessen. Ich konnte jedoch keinen einzigen Schuss loswerden. Die Schützen standen dermaßen eng zusammen und meine beiden Nachbarjäger waren total schussgierige Typen. Zwischen ihnen stehend, befand ich mich auf einem Haupthasenwechsel. Die Löffelmänner liefen mir in Scharen fast über meine Fußspitzen und in der Folge spitz von mir fort. Da ich sie erst hinauslassen wollte, um dann zu schießen, ballerten mir meine Flügelmänner rücksichtslos die Hasen vor der Nase weg. Ich habe darauf meine Flinte entladen, umgehängt und dem Geschehen passiv zugeschaut. Der Frage dieser „Herren“ nach dem Trieb, warum ich nicht geschossen hätte, bin ich die Antwort nicht schuldig geblieben. Heute ist das Revier von Autobahn und Bundesstraße zerschnitten. Ein riesiger Komplex, größer als drei

Eigenjagden, wo einst buchstäblich Hase neben Hasen gelegen hat, ist nun Gewerbegebiet. Doch trotz des Aderlasses, den die Straßen täglich vom Besatz fordern, kann man im Frühjahr, noch bevor die Deckung sie verbirgt, Hasenhochzeiten mit bis zu einem Dutzend Teilnehmern beobachten. Wenn jetzt aber dort Energie- oder Futtermais angebaut wird, dann war's das auch schon.

Das jägerliche Leben war bunt, reich und unbeschwert von jeglicher Verantwortung für ein eigenes Jagdgefild. Da brachte das Schicksal eine Wende. Mein Bruder hatte einen jagdbegeisterten Geschäftsfreund, der als Besitzer zweier bedeutender Geschäfte noch kein Niederwildrevier hatte. Es mangelte ihm auch an der Zeit, sich um dessen Pflege zu kümmern. So lockte er meinen Bruder und in der Folge auch mich ins Boot. Wir sollten ein Revier pachten und bewirtschaften, er würde die Kosten tragen. Dann könne er, sooft es seine Zeit erlaube, in nominell unserem, doch praktisch seinem Revier jagen. Das klang verlockend, da der Mann einen untadeligen Ruf hatte. Die Pachtung war ein Glückstreffer, denn der bisherige Pächter wollte vorzeitig altershalber aussteigen, sodass wir das Revier schon ein Jahr vor Ablauf seiner Pachtung übernehmen konnten.

Ich lernte in dem Geschäftsmann einen jagdlich ziemlich unbedarften, doch recht gutwilligen Menschen kennen. Als er meine Hündin Cita sah, rief er aus: „Da haben Sie aber eine prächtige ‚Rüdin'!!" Das wurde dann ein viel belachtes, geflügeltes Wort unter uns. Als Richtschnur für unsere Revierpflege bat er, wir sollten unbedingt alle „Raubtiere" abschießen, er möchte gern im Jahr darauf hinter jedem Busch ein „Hähnchen" sehen. Ich besitze noch einen Brief, in dem er dringend empfahl, alle Hunde und Katzen im Revier rigoros „abzuschießen" und damit den Bauern eine Lehre zu erteilen, dass sie beim Mähen besser aufpassen und mehr fürs Wild tun müssten. Wir Brüder amüsierten uns königlich über seine absurden Vorstellungen, waren aber zu vertrauensselig und auch überdies zu jung, als dass wir mit diesem Herrn einen wasserdichten Vertrag gemacht hätten. Es kam dann, wie es kommen musste. Im Jahr darauf, als noch immer nicht hinter jedem Busch ein „Hähnchen“ saß und wohl noch zu viele „Raubtiere“ mordlustig lauerten, stieg er aus und ließ uns mit der Pacht sitzen. Was uns, als im Aufbau befindliche, junge Familienväter zuerst wie ein Unglück erschien, erwies sich in den kommenden Jahren als die beste Lösung. Mit solch einem Partner hätte es in den weiteren neun Jahren nur allergrößten Ärger gegeben.

Als Jagdpächter steigt man plötzlich in andere Dimensionen ein, als wenn man „nur“ Jagdgast ist. In den Jahren zuvor hatte ich meine Augen offen gehalten, mögliche Fehler entdeckt und mir vorgenommen, sollte ich einmal selbst Jagdherr sein, sie nicht zu wiederholen. Das kam dem Revier zugute. Es waren nun nicht hinter jedem Busch die gewünschten „Hähnchen“, doch die Strecke konnte sich dennoch bald sehen lassen. Ich konnte mich nun endlich bei meinen bisherigen Gönnern mit Gegeneinladungen revanchieren und – was mir besonders am Herzen lag – mich um Jungjäger kümmern. Was man mir in den Lehrjahren gegeben hatte, konnte ich jetzt meinerseits weitergeben. Die Erfahrungen, die ich dabei mit vielen, sagen wir mal „Neujägern“ machte, könnten ein Kapitel für sich füllen. Es waren nicht nur junge Jungjäger, sondern auch Spätberufene. Bei den Letzteren bestand die Gefahr, dass sie selten gewillt waren, nach ihrer „Selbstständigkeit“, klein anzufangen und sich von der Ringeltaube, der Krähe, vom Knopfbock langsam in höhere Regionen weiterzuentwickeln. Einer davon, er hatte als Treiber bei mir angefangen, erlegte gleich nach der Jägerprüfung einen ungarischen Kapitalbock. Das war der falsche Maßstab. Hernach achtete er alle geringeren Böcke als nicht des Aufhebens wert.

Als besonders wertvoll erwies es sich jetzt, ein eigenes Revier zu haben, in Bezug auf die Ausbildung junger Hunde – eigener und fremder. Zu der Zeit hatte ich mit meiner Hündin „Cita vom Schweiklberg“ den Zwinger „Vom Fürstenfeld“ gegründet. Die Besitzer der jungen Hunde, die in nicht allzu weiter Ferne wohnten, konnten nun in meinem Revier an Schulungen teilnehmen. Der schönste Erfolg war, dass ich den letzten Wurf der Hündin mit sieben Welpen bis zur VGP begleiten konnte, bei der sechs von ihnen einen ersten Preis bekamen. Das traurige Ende der Pachtperiode, den Verlust des Reviers, habe ich auf anderen Blättern erzählt.

Eine Zeit lang hielt ich mich mit sinnloser Trauer über das Verlorene auf. Doch inzwischen habe ich Folgendes gelernt: Wenn das eine zu Ende geht, fängt das andere an. Und wieder wurde ich jahrzehntelang Pächter oder Unterpächter und Verantwortlicher. Ich fand zu meiner wahren Jägerfreude – der Bergjagd – und damit zusammenhängend zu meiner alten Liebe, den Schweißhunden. Es eröffnete mir die schönsten Schätze und die buntesten Jahre meines Jägerlebens.

Ich bin froh, dass ich Ihnen, liebe Leser in meinen Büchern einiges von diesen Schätzen nahe bringen konnte. Jetzt habe ich direkt vor der Türe Zugang zu einem riesengroßen Revier. Bin wieder Gast und frei von den Sorgen des Jagdherrn. Der Kreis hat sich geschlossen.

Judika – sie sind noch da

„Ist denn schon Weihnachten? Was verpackst du denn da so sorgfältig?“, fragte ich, neugierig geworden, meine Frau.

„Ein kleines Dankeschön für unseren Freund Bernd, für die liebe Einladung zum Schnepfenstrich.“

Sie hatte sich tatsächlich von ihrem Schnepfen-Aquarell getrennt und verpackte nun sorgsam das fertig gerahmte Bild. Jedes Frühjahr schickt unser Freund Bernd eine Mail mit Bild-Anhang von der ersten Schnepfe des Jahres. Das hatte sie inspiriert, ein Stillleben zu malen.

Schnepfen können wir in Deutschland ja nur noch im Herbst erbeuten – wenn überhaupt. Treibjagden, wo einen der „Vogel mit dem langen Gesicht“ mit seinem niedrigen, schaukelnden Flug einst überraschte, gibt es kaum mehr welche. Dafür eine ausgeräumte Landschaft mit riesigen Mais-Monokulturen. Anbau von Lebensmitteln, die zweckentfremdet durch den Auspuff gejagt werden.

Bernd ist einer der Glücklichen, die ein Revier mit einem Biotop für diese Bruch- und Auwaldbewohner haben. Einen, manchmal auch zwei der Langschnäbel holt er sich. Obwohl genügend da wären, lässt er’s damit genug sein.

Kürzlich rief mich ein bekannter Jäger an, der um meine Verbindungen zu den Burgenländer Niederwildparadiesen weiß, und fragte, ob ich ihm da nicht ein paar Türen öffnen könnte. Er möchte gerne mit einer Jägergruppe zum Schnepfenjagen kommen. Er dachte wohl, da kommen abends ganze Schwärme aus dem Wald. Ich musste ihn fragen, ob er da nicht die Wildart verwechsle, die Schnepfe ist kein Massenwild. Wer Schnepfen im Revier hat, hütet sie wie ein seltenes Juwel und gönnt sich nur sparsame Ernte.

Im letzten Jahr, als ich mich wieder für den digitalen Frühjahrsgruß bedankt hatte, meinte Bernd bedauernd: „Schade, dass es dir, für nur eine Schnepfe nach dem Hanság zu kommen, zu weit ist.“ Das war nun eine indirekte Einladung, aus der schnell eine echte wurde.

Die Niedermoorlandschaft des Hanság liegt östlich des Neusiedlersees und grenzt direkt an Ungarn. Durchzogen von Entwässerungskanälen ist es eine besonders reizvolle, wildreiche Auen- und Bruchwaldlandschaft. In regenreichen Jahren steht der Grundwasserstand hoch und ab dem Frühsommer fallen blutdürstige Wolken von Mücken – Gelsen – über einen her. Eine artenreiche Vogelwelt ist hier heimisch. Seeadler und Uhu sind keine Seltenheit. Erlen und Weidendickichte, lichte Birkenwälder, Schilfwildnisse bieten ungestörten Lebensraum für Hase und Fasan. Biber und Fischotter teilen sich die stillen Wasser der Abzugsgräben.

Wenn wir auch sonst wenige Sonntagsnamen kennen, die vor Ostern sind uns aus dem Schnepfenkalender geläufig. Am Sonntag „Reminiszere“, wo es heißt, „putzt die Gewehre“, wusste ich noch nichts von der Einladung. Sie erreichte mich erst an „Lätare – das ist das Wahre“. Da hieß es „schnell auf ins Burgenland!“, denn der nächste Sonntag „Judika – sie sind noch da“ könnte die letzte Möglichkeit sein. Nun fallen diese Sonntagsnamen in jedem Jahr auf ein anderes Datum, denn Ostern richtet sich bekanntlich nach dem Frühlings-Vollmond und der wiederum richtet sich nicht nach dem Kalender. Jedenfalls noch nicht. Aber vielleicht arbeitet die NASA schon daran und bringt dem Mond Pünktlichkeit bei.

Im Burgenland ist in diesem Jahr der Lenz schon da. Mit Vogelsang und linden Lüften, ein Dichter könnte jetzt mit romantischen Versen loslegen. In den stillen Tümpeln quarrt und

Jäger, Reviere ...

Die Gebrüder Meyden mit Ludwig Staler

Judika ...

Das Aquarell meiner Frau „Stillleben“

Blattzeit

Hier streichen sie.

Der Abnorme von der alten Leiter

... da lag sie.

quorrt rudernd die Hochzeitsgesellschaft der Frösche. Überall treiben glasige Laichpakete.

Bernd hat schon seine zwei Schnepfen erlegt, stolz zeigt er mir seine Beute. Mehr will er sich heuer nicht gönnen, ich soll ja auch noch am Schnepfensegen teilhaben. Wir machen eine Rundfahrt durchs Revier, ein Wiedersehen mit den Stätten frohen Jagens in vergangenen Jahren. Über einem der Wege liegt eine Weide und versperrt uns die Weiterfahrt. Der Biber – Meister Bockert – hat den Fall des Baums schlecht berechnet. Oder möchte er gern den Weg überschwemmen? Zum Glück hat Bernd eine Säge im Wagen.

Für den Abendanstand empfiehlt der Freund zwei Plätze. Der eine liegt an einem Wassergraben zwischen zwei Birkenwäldchen, der andere am Rand eines Erlenjungwalds. Mir liegen heute die Birken mit ihrer frohen Frühlingsstimmung näher. Der Winter war trist und lang, jetzt will ich mich an den heiteren Farben erfreuen.

Viel zu früh bin ich schon draußen, setze mich noch für eine Stunde auf eine Leiter, von der aus ich im Vorjahr einen Bock geschossen habe. In der Runde stehen einzelne Rehe. Geißen und Böcke mit frisch verfegtem, noch rötlichem Gehörn. Fasanen marschieren über die Wege und Hasen, Hasen, Hasen. Hochzeitsgesellschaften überall, ob zu Wasser oder zu Lande.

Endlich vergeht der Tag in langsam herabsinkender Dämmerung. Mit der Flinte in der Armbeuge stehe ich am Kreuzungspunkt zweier Wege. Rundum das Gocken der aufbaumenden Fasanhähne, der letzte Amsler singt noch ein Schlaflied und dann breitet sich Stille übers Land. Nur im Wassergraben ein leises Plätschern. Sicher ein Bisam oder ein dicker Frosch. Zum Himmel schauend sehe ich meinen Freund, den aufblinkenden Abendstern, den Schnepfenstern. Wie oft habe ich früher in heimischen Jagdgefilden sehnsüchtig sein Erscheinen erwartet. Es ermahnt: „Pass auf, gleich können sie kommen!"

Und schon habe ich eine verpasst. Geschieht mir recht! Das kommt halt von meiner Sternguckerei. Ganz nah ist sie an mir vorübergestrichen, lautlos und unerreichbar durch die Birkenstämme davongeschaukelt. Mich reißt's herum, das Quorren jetzt war doch ganz in der Nähe! Bis ich die zwei, wie Scherenschnitte sich gegen den Nachthimmel abzeichnenden Vögel entdecke, sind sie bereits außer Schussentfernung. Na, hier ist was los! Wie ein Kauz drehe und wende ich meinen Kopf, sperre meine Lauscher auf, aber nun bleibt der Himmel leer. Ja, mein Lieber, denke ich mir, das bist du nicht mehr gewöhnt. Plötzlich jedoch kommt aus dem Dunkel zwischen den Waldstücken ein Schatten spitz auf mich zugeschwebt, ist jäh, bevor ich schießen kann, über mir und hat sich gleich in der Schwärze der Nacht aufgelöst.

Welch ein Erlebnis! Welch ein Anflug! Ich bin gar nicht traurig, so ohne Beute ins Jagdhaus zurückzukehren. Bernd lacht nur. „Du bist ja morgen auch noch da."

Anderntags vertreiben mir Windböen und kalte Regenschauer alle romantischen Flausen. Trotzdem stehe ich wieder an meinem gestrigen Platz, bereit, diesmal jede kleinste Chance zu nutzen. Heute kein Hase, kein Fasan, kein Amsler. Allen ist's für Frühlingsgefühle zu nass. Ich will jedoch ausharren, bis das letzte Licht erloschen ist. Das Wasser tropft mir vom Hut über die Nase, eiskalt rieselt's mir ins Genick. Die Flinte halte ich mit dem Lauf nach unten, damit sie kein Wasser schluckt. Ich muss in mich hineinlachen, „und dafür fährt man 500 Kilometer". Grau in grau ist nun die Welt und ohne Farben. Jetzt wird wohl nichts mehr passieren, da erhascht mein Ohr ein Murksen, ein Quorren, das Auge erfasst den herannahenden Schatten, die Flinte fährt mit und der Schuss wirft in weichem Fall den Schnepf auf die angrenzende, schilfige Wiese.

Jetzt bin ich gerne klitschnass geworden. Ein wenig muss ich im hohen Gras umhersuchen, bis ich ihn gefunden habe. Glücklich streiche ich über das dürrlaubfarbene Gefieder meiner Beute. Das große eulenartige Nachtauge ist schon halb geschlossen.

Im Jagdhaus legen wir dann auf dem Speisezimmertisch die mit Fichtenbrüchen verzierte Strecke. Dahinter hat der Freund das Aquarell meiner Frau, das Schnepfen-Stillleben aufgestellt. Drei Schnepfen in diesem Jahr, sie werden gebührend gefeiert mit ebenso vielen Flaschen des herrlichen Cabernet-Sauvignon von Bernds Freund und Winzer Erich Scheiblhofer. Es ist uns ausgezeichnet bekommen.

Die alte Leiter

Die Flinte ist brennend heiß geschossen. Ohne Handschuh kann ich die Läufe der „Side by Side“ nicht mehr anfassen. Nur zwei Runden will ich noch auf dem Jagdparcours-Hattenhofen schießen, dann muss für heute Schluss sein. Ich war zeitig dran, es waren an diesem Wochentag nur wenige Schützen zugange, sodass ich schneller als geplant meine Übungsrunden schießen konnte.

Es ist früh am Tag, deshalb mache ich auf meiner Rückfahrt einen kleinen Umweg. Es reizt mich schon seit einiger Zeit, ein Wiedersehen mit einem Revier zu feiern, das abgelegen von Verkehr und Wandererströmen in einer unberührten Landschaft vor etlichen Jahren mein Jägerherz erfreut hat.

Die Fahrt führt einige Kilometer nach Süden in Richtung Ammersee. Dort hatte ich als Gast im Jagdrevier meines Freundes Herrmann freie Büchse. Ich will noch einmal zu einem meiner Lieblingsplätze, um die Vergangenheit heraufzubeschwören und zu schauen, wie sich dort der Wandel vollzogen hat. Es zieht mich zu einer kleinen Ansitzleiter, um die sich eine besondere Begebenheit rankt.

Die Gedanken eilen zu den einstigen Stätten und Ereignissen voraus. In meiner Erinnerung entsteht bruchstückweise so manches wieder, wie es damals war:

Mitten im Revier, umschlossen von dunklem Fichtenwald öffnete sich eine große Blöße zu einer Wiese, etwa 150 Meter im Geviert. An deren Rand stand ein großer, ehemaliger Kuhstall. Sein Dach war im Lauf vieler Jahre, da er nun leer war, senkrückig wie eine alte Kuh geworden. So ganz leer war der Stadel jedoch nicht. Für seine einstige Bestimmung war noch eine Wasserleitung vorhanden. Herrmann hatte in einer Ecke des großen Raums an der Stallrinne eine Dusche einbauen lassen. Die blitzblanken Armaturen wirkten geradezu irreal in dieser Umgebung von Spinnweben und Resten alten bäuerlichen Gerümpels. Das Wasser war natürlich immer eiskalt. Da durfte man kein Warmduscher sein. Man wurde sehr schnell wach, was oftmals nach zu kurzen, zu feuchten Nächten kein Fehler war.

Wie angeklebt an die Schmalseite des Stalles duckte sich ein kleineres Gebäude mit einem schrägen Pultdach. Das war Herrmanns Jagdhütte. Von außen sah sie so unscheinbar aus, als würden dort nur Eulen, Fledermäuse und Spinnen hausen. Doch der Freund hatte sie mit gutem und stilsicherem Geschmack wohnlich eingerichtet. Waren die Läden geöffnet, so fiel das Licht in eine Stube, die an Jäger- und Bauernszenen auf Bildern von Franz v. Defregger erinnert. Einen alten Ahorntisch, unten herum mit dem blankgewetzten „Vergelt's Gott", der Fußleiste, rahmte eine Eckbank mit kornblauen, handbedruckten Polstern. Eine fein geschmiedete, bäuerliche Lampe mit kupfernem Schirm erhellte die Szenerie mit sanftem Licht. In der jenseitigen Stubenecke kauerte neben einem Spülbecken ein kleiner Herd. Die hölzernen Wände waren mit wenigen, aber erlesenen Reh- und Gamstrophäen geschmückt. Sämtlich auf handgeschnitzten Taferln und mit mönchisch feiner Gotikschrift auf dem Stirngebein. Daneben ging's in ein kleines Schlafkammerl mit einem breiten Stockbett nebst einem alten, blau bemalten Tölzer Bauernschrank.

Vor der Hütte lud eine breite verwitterte Bank zum Verweilen ein. Sonst zeugte von außen nichts davon, dass hier zuweilen ein Jäger hauste. Herrmann hasste es, sein Revier über die Maßen zu möblieren. Alles sollte sich möglichst unauffällig in die Natur einfügen. Oftmals, wenn ich bei ihm war, bat er mich, von der entgegengesetzten Ecke der Waldwiese mit dem Jagdhorn zu blasen. Dazu lieh er mir das alte Pless-Horn, das schon seinem Vater gehört hatte. Dieses beinahe antik zu nennende Instrument aus feinem Messingblech stammte aus einer Münchner Meisterwerkstatt. Sein weicher und voller Ton spricht extrem leicht an. Wenn ich dann blies, warf das Echo vom Hochwald wie aus einer Kathedrale die Töne zurück. Nach einigen Jahren unserer Freundschaft schenkte er's mir und heute hängt das Jagdhorn, mit der ursprünglichen, braunen Lederumwicklung bei mir in der Diele; neben dem aufgedockten Schweißriemen und Jagdrucksack.

Herrmanns guter Geschmack zeigte sich aber nicht nur bei Einrichtungsfragen. Stets sah man die schönsten Frauen in seiner Begleitung. Doch bei nicht ganz vordergründigen Qualitäten konnte auch er sich irren. Manchmal galt die Wahl zu sehr dem Äußeren. Und das gab einmal ein rechtes Problem.

Einst hatte der Freund meine Frau, mich und zwei weitere Freunde zum winterlichen Fuchsriegeln eingeladen. Am Treffpunkt bei der Hütte machte er uns mit seiner neuen Favoritin bekannt. Nennen wir sie schlicht Flora. Eine vollendet hübsche Blondine, inzwischen von ihm stilgerecht eingekleidet, war sie der viel bewunderte Typ, langbeinig und mit schulterlangem, goldenem Haar.

Der Tag war windig, es schneite, regnete, ein rechtes Sauwetter, bei dem man am liebsten gleich in der warmen Hütte geblieben wäre. Ein paar Treiberbuben aus dem Dorf standen, voller Tatendrang wartend, bereit. Sie sollten unter Führung des Jagdaufsehers die Dickungen und Streuwiesen durchdrücken. Herrmann hatte geplant, dass wir nach der Jagd gemütlich in warmer Stube den Tag ausklingen lassen, und dazu sollte es eine kräftige Hühnersuppe geben. Zu diesem Zweck hatte er eine frische, bereits gerupfte Suppenhenne von einem seiner Bauern schon in der Küchenecke mit allen Zutaten bereitliegen. Da Flora wenig Lust zeigte, sich eine rote Nase in Nässe und Kälte zu holen, wurde sie beauftragt, uns in der Zwischenzeit von der Henne eine Suppe zu kochen.

Der kurze Wintertag ging bald in Dämmerung über. Ich glaube mich zu erinnern, dass wir einen Fuchs und zwei Waldhasen geschossen hatten. Auf jeden Fall freuten wir uns, verfroren, durchnässt, wie wir waren, mit knurrendem Magen auf eine köstliche, heiße Hühnersuppe.

Bevor wir uns in die warme Stube retteten, verblies ich die Strecke, während Flora fröstelnd vor der Hüttentür stand, jedoch kein so arg glückliches Gesicht machte. Nun, „kein Wunder“, dachte ich, „drinnen wird's gleich gemütlicher sein!“

Wir drängten in die Stube. Aber da drinnen roch's ganz schauderhaft, verteufelt, scheußlich. Es stank, als wäre ein Kübel Gülle ausgekippt worden.

„Ich weiß auch nicht, warum die Suppe so stinkt“, sagte die Köchin, „das Huhn war doch frisch, oder?“

Meine Frau hob vorsichtig, mit spitzen Fingern, den Deckel vom Suppentopf. Schnell musste sie sich abwenden. Was war da los?

Die „Meisterköchin“ Flora hatte die Henne unausgenommen, samt Gedärm gekocht. Durchs Kochen war die ganze „Chose“ explodiert.

Als ich im Jahr darauf wieder im Revier war, saß auf der Hüttenbank wiederum eine bildhübsche, junge Frau, eine wohlbekannte Filmschauspielerin.

Von Floras Schicksal hörte ich, dass sie zu einem von Herrmanns Freunden, einem Münchner Gastronom, übergewechselt sei. Der spendierte dem Freund für die „freundliche Übernahme“ den Abschuss eines Brunfthirsches. Das war irgendwie stimmig. Dem sicheren Vernehmen nach soll Flora jedoch kein Zutritt zur Küche ihres neuen Beschützers gewährt worden sein. Sie stand aufgrund ihrer Kochkünste im nicht ganz grundlosen Verdacht, sie würde sogar Leitungswasser anbrennen lassen.

Und noch eine originelle Geschichte hatte sich hier abgespielt. Den alten Gustl, seines Zeichens Austragsbauer, hatte Herrmann schon von seinem Pachtvorgänger als Jagdaufseher und Faktotum übernommen. Mit schneeweißem, ungebändigtem Schopf, zäh und knorrig wie eine Latschenwurzel, hellwach, ein wenig rotgesichtig – warum, werden wir gleich sehen – war der

Endsiebz'ger immer noch fit wie ein Turnschuh. Er versah winters die Fütterungen und kümmerte sich um den Erhalt der alten Hütte, an der es stets was zu richten galt. Wenn nur das Bier nicht so gut geschmeckt hätte!

Nach einer kleinen herbstlichen Hasenstamperei im Wald und in den Streuwiesen saß man noch lange in der Hütte beisammen. Der kleine fünfjährige Enkelsohn Andi, der eifrig mitgestapft war und stolz einen Hasen geschleppt hatte, stillte nun seinen Durst in aller Heimlichkeit am Tropfbier des frisch angezapften, hölzernen Bierfassls. Niemand in der fröhlichen Runde beachtete das sonderlich, selbst als er beim Aufbruch schwankend dem Opa folgte, führte man das auf seine wohlverständliche Müdigkeit zurück. Beschwingt knatterte Gustl mit seinem alten VW heimzu. Die Fahrt ging durch ein größeres Dorf, weil der Opa den Kleinen ein paar Ortschaften weiter daheim abliefern sollte. Doch plötzlich, o Schreck – Polizeikontrolle. Das Übliche. Papiere! Fahrzeugkontrolle!

„Ha'm Sie Alkohol getrunken?"

„ I und Alkohol trinken? Ja, wo denken S' denn hin?"

Es kam dem Polizeibeamten jedoch komisch vor, irgendein malziger Duft lag hier in der Luft.

„Gut, dann blasen S' einmal hier hinein!"

Der Alte konnte nun nicht mehr aus.

„Ja, mein Lieber, das sind ja 1,5 Promille!"

Nun kam des Gustls Glanzleistung: „Euer Gerät spinnt. Des ist ja gar net möglich, i hab net oan Tropf'n trunga. Euer Glump is net in Ordnung."

Die Debatte ging kurz hin und her, bis der Opa den Enkel ins Spiel brachte.

„Jetzat lassen S' den kloana Buam amoi neiblasen, der hat eh nix trunga, da werd'n S' es glei seg'n, dass der Apparat spinnt!"

Gesagt, getan. Der Bub brachte es ebenfalls auf 1,5 Promille.

„Jetzt so was. Sie haben recht, das kann unmöglich stimmen!"

Kopfschüttelnd verstaute der Beamte seinen „Blasomat“. Er verstand die Welt nicht mehr. Gustl und Enkel schauten, dass sie heimkamen.

Aber halt – wo bin ich mit meinen Gedanken nur hingekommen? Ich wollte ja hinauf zu meinem ehemaligen Lieblingsplatz. Auf einer Morgenpirsch im Frühsommer hatte ich dort einen abnormen Rehbock entdeckt, dessen verdrehte, mehrfach verästelte Stangen meine heiße Jagdlust anfachten. Auf dem Höhenrücken am Rand eines Jungwalds, da wo ich ihn zuletzt erspäht hatte, stellten wir eine kleine Leiter hin. Sie war nicht sehr hoch, der Sitz war schmal, gerade breit genug für eine Person. Weidenbüsche davor boten Sichtschutz von der dahinterliegenden Wiese. Der Ausblick ging von der Anhöhe über Gebüsch und Wiese hinaus bis zu den Bergen; vom kantigen Klotz der Zugspitze bis zu den Allgäuer Alpen. Davor erglänzte in silbernem Schimmer der Spiegel des Ammersees. Hier saß ich Tage um Tage, Stunden um Stunden. Sie wurden mir nie zu lang. Ich hätte in jenem Sommer leicht einen anderen Bock von diesem Platz aus erlegen können, aber mein ganzes Sinnen und Trachten galt dem Abnormen.

Im Talgrund an einem Waldweg stelle ich heute mein Auto ab. Ob wohl das alte, verwitterte Marterl noch da ist? Ja, da hängt es noch an einer Lärche und kündet von einem Unglück, das sich hier vor anderthalb Jahrhunderten ereignete. Einem Georg Ehrenreich Lenzlbauer wird, wie man es hier lesen kann, gedacht, der, von einem Lärchbaum getroffen, versehen mit den Sterbesakramenten, starb. Gott geb’ ihm die ewige Ruhe! *Ich ging früh morgens mit den Meinen frisch und gsund zur Arbeit mit hinaus, ein Streich von einem Baum brachte mich sogleich ins Totenhaus. Denk an mich, o Herr, wenn du deine Getreuen belohnest! Amen.*

Vergebens suche ich mit dem Auge den Waldrand auf der Anhöhe ab. Dort, wo die Leiter einst stand, ist der Jungwald zu einem hochschäftigen, tiefernsten Fichtenhochwald herangewachsen. Dort, wo einst Weidenbüsche die Leiter vor der Wiese begrenzten, führt nun ein bäuerlicher Fahrweg am Waldrand entlang. Nach dem alten Platz schauend, stapfe ich hinauf. Wo einst eine blumenreiche Wiese sich sanft nach Süden zu neigte, steht jetzt ein übermannshohes Maisfeld. Kein Ausblick auf den See, kein Ausblick auf die Berge. Es ist schwer, sich wieder zurechtzufinden. So sehr ich auch umherschaue, hier ist keine Leiter mehr.

Plötzlich stockt mein Fuß. Da, am Rand eines Fichtenanflugs vor dem Altholz liegt der kleine Hochsitz. Hineingebettet, bereits teilweis überwachsen, in einem Bett von Moos – wie ein Ertrunkener am Spülsaum der Zeit. Die Leitersprossen, der schmale Sitz ragen grünlich vermodert hervor.

Und jetzt ist alles wieder gegenwärtig. Jener besondere Tag, jener von Vogelsang durchjubelte Morgen, der sich mir im Gedächtnis eingebrannt hat:

Unzählige Male hatte ich hier gehockt und auf den mit dem verästelten Gehörn gepasst. Zögernd graute der Morgen. Eine Geiß äste schon mitten auf der Wiese, sodass ich vom Wald her, vorsichtig durch den Jungwald schleichend, die Leiter besteigen musste. Ungesehen kam ich hinauf. Standen doch direkt vor der Leiter jene deckenden Weidenbüsche. Langsam bekamen alle Konturen Farbe und klare Umrisse. Die Berge hinter dem See tauchten blau aus dem Morgendunst.

Noch keine halbe Stunde hatte ich gelauert, da schlüpfte links vom jenseitigen Waldrand ein Bock. Mein Bock! Eilig zog er spitz auf mich zu und verhoffte genau hinter dem Weidenbusch. Er plätzte, er fegte wütend an den schwankenden Gerten. Jenseits der deckenden Zweige war er gerade noch schemenhaft zu erkennen. Brettlbreit stand er jetzt auf knapp acht Metern da. Ein zarter Lufthauch im Genick! Das konnte nicht gut gehen! Sekunden später würde er abspringen!

Da ging die Passion mit mir durch und ich schoss. Astwerk hin – Astwerk her. Die Zweige schwankten, der Bock war weg. Lag er? Plötzlich, Sekundenbruchteile später flüchtete er gesund, spitz von mir fort in die Wiese hinaus. Das hatte ja nicht gut gehen können! Ich schalt mich einen verdammten, schusshitzigen Narren.

Aber noch war nichts verloren. Der Gefehlte verhoffte nach panischer Flucht. Noch war er im Bereich der Kugel. Ich nahm mich zusammen, schoss abermals und im Feuer sah ich ihn im hohen Wiesengras versinken. „Sakra!“ Das war mehr Glück als Verstand. Die Warteminuten wurden mir zur Qual.

Eiligst packte ich mein Zauberzeug zusammen, stieg von der hohen Warte herab, kämpfte mich durchs Gebüsch und fiel beinahe über einen Bock. Nanu! Da lag er ja, der heiß Ersehnte. Die Kugel saß da, wo ich sie hingezielt hatte. Sie hatte den Weg durchs Geäst unbeschadet gefunden. Jedoch, was war das für ein anderes Reh? Wie konnte das geschehen? Ich betete im Stillen, dass es keine Geiß war, die ich da gemeuchelt hatte. Für die Betrachtung der Trophäe hatte ich nun keinen Nerv. Zuerst musste ich zu dem anderen Stück da draußen in der Wiese.

Es waren bange hundert Meter, die ich durchs taunasse Wiesengras eilte. Da lag es! Den Hinterlauf gehoben! Ein Bock! Ein Zentnerstein fiel mir von der Seele. Der Bock war gar nicht so verkehrt. Nur kleinfingerhohe, dünne Stänglein. Er musste unbemerkt von rechts, ebenfalls gedeckt von den Weidenbüschen, herangewechselt sein. Darum hatte der Abnorme so wütend geplätzt.

Ich band dem Spießer die Läufe zusammen, hing ihn über die Schulter und vor den Weiden legte ich ihn zu dem anderen Bock. Jetzt erst hatte ich Muße, mir genussvoll, mit wachsender Freude den zuerst erlegten anzuschauen. Ein wunderliches Stangenpaar, verzweigt, verdreht. Waren es echte Enden, waren es großwüchsige Perlen? Ganz gleich, er war mein, und dazu noch ein zweiter, absolut richtiger – wie soll ich sagen – Beifang.

Ich brach die Böcke auf und streckte sie so, dass ich, wieder auf der Leiter, sie genussvoll von oben her betrachten konnte. Da lagen sie nun nebeneinander, die zwei Kontrahenten. Der eine, der Jährling, war irrtümlich für den anderen gestorben. Der andere, wesentlich ältere, zog mit seinem absonderlichen

Kopfschmuck immer wieder meine freudig bewundernden Blicke auf sich. Wie viele Tage, wie viele Stunden hatte ich ihm gewidmet. Jedes Mal war ich, auch ohne Beute, reich beschenkt mit wundervollen Erlebnissen aus seinem Reich heimgekehrt.

Mit fortschreitenden Jahren meldeten sich bei mir nach der Erlegung eines lang gejagten Wildes zwiespältige Gefühle. Einerseits die Freude über die Erbeutung, andererseits das Bedauern, dass damit auch einem wunderbaren Erleben der Schlusspunkt gesetzt wurde. Hier jedoch erfüllte mich nur jubelndes Glücksgefühl. Freude an der besonderen, seltenen Trophäe, Freude, dass alles so gut ausgegangen war.

Nach einer dankbar genussvollen Halbstunde trug ich die beiden hinunter zum Wagen und fuhr zur Jagdhütte.

Dorthin will ich jetzt auch noch. Wie mag es da wohl ausschauen?

Kaum finde ich den Weg, der Wald hat sich so sehr verändert. Aber dann, nach kurzer Fahrt über die holprige Forststraße öffnet sich vor mir die große Wiesenfläche. Bin ich hier richtig? Wo ist der Stall, wo ist die Jagdhütte? Ungläubig reibe ich mir die Augen. Die Bühne ist leer, so leer, als hätte hier nie ein Stall, eine Hütte gestanden. Ich steige aus, gehe zum einstigen Platz am jenseitigen Waldrand. Dort stand das Gebäude. Nur ein paar grasüberwachsene, bemooste Ziegelsteine, verwitterte Blechstücke der Dachrinnen sind Zeugen, dass das alles kein Traum gewesen war.

Nein, ich habe das alles nicht geträumt, ich habe ja auch die alte Leiter gefunden – und daheim, da hängt der Bock.

Ein Traumbock

Gemütlich klimatisiert und windgeschützt hocke ich in meiner Kanzel. Die Rundum-Panorama-Thermo-Fenster sind geruchsfest geschlossen. Diebisch freue ich mich, wie graue Schwärme blutgieriger Schnaken sich ihre Rüssel an den Scheiben platt drücken. Mit dem Erscheinen des beim Jagdvermittler „Hussa-Ho!“ bestellten Rehbocks kann ich erst um 22:35 Uhr rechnen. Aufgrund der modernen „Automatic-Video-Tag- und Nachtsicht-Überwachung“ seines Einstands ist genau festgelegt, wann, wo und dass der heimliche Kapitalbock sich erst in völliger Finsternis zur Äsung ins Freie wagen wird. Außerdem wurde er, wie sämtliche Rehkitze des Reviers bereits in den ersten Lebenstagen mit einem Minisender gechippt. So ist endlich eine Totalüberwachung des Wildbestands Wirklichkeit geworden. Sollte er wider Erwarten früher kommen, so melden das Mikrofon Marke „Kanzellauscher“ mit zartem Summton sowie ein Leuchtsignal auf dem Monitor sein außerplanmäßiges Erscheinen. Unliebsame Überraschungen hasst der moderne Jäger, es kann und darf sie also nicht geben. Ein Lob der exzellenten Technik der Firma „Venatronic“. Dass es dann stockrabenfinster sein wird, stört mich keinesfalls. „Noctutronic“ macht's Schießen auch bei absoluter Dunkelheit noch möglich.

Ein „Vivi-Trofeo-Sensor“ hat durch sichergestellte Bastfetzen das Gewicht der Trophäe anhand der „biomatic“ errechneten Knochendichte festgestellt. Stangenhöhe rechts 27,3 cm, links 29,2 cm, Gehörngewicht nach errechneter Trocknung 566 Gramm. Das Alter des kapitalen Achters, durch den Chip festgestellt, beträgt exakt sieben Jahre und 49 Tage. Der Preis für den Abschuss steht also auch schon fest, ich schätze es nicht, plötzlich mit einer Riesensumme überrascht zu werden. So was soll's ja früher einmal gegeben haben.

Die Zeit, bis es endlich so weit ist, wird mir nicht lang. Erregende Videospiele auf meinem „Hunters Gameboy" lassen die Stunden schnell verfliegen.

O mei, o mei! Erst 21:15 Uhr. Die Nachtjagd ist verflixt langweilig. Draußen ist's bereits sackdunkel. Mal schau'n, was in der Kanzel-Bar so alles drin ist. Aha! Ein „Glencroagh Malt Whisky 45 years old". Aber kein Arktis-Gletscher-Eis. Schlechter Service! Nun ja, man wird's ertragen. Ist man doch ein eisenharter Weidmann.

Herrschaftszeiten! Mein letztes Video langweilt mich. Draußen ist auch nichts los. Schnell per Internetzugang, den gibt's auch in der Kanzel, ein neues Spiel heruntergeladen. Ja, das haut hin! „Tigerjagd in der Antarktis!" Während ich mit dem Cursor den dritten Tiger hinter einem Eisblock suche, mahnt mich ein Pfeifton des Monitors: „Fertigmachen! Noch drei Minuten, dann kommt der Bock!" Es wird spannend. Lob und Segen der Technik. So und nicht anders muss Jagd sein!

Lautlos öffnet sich auf Knopfdruck das Südfenster. Selbsttätig bläst nun ein Mückenspray gegen das anstürmende Insektenheer. Eine Benchrest-Gewehrauflage fährt automatisch hoch. Draußen sähe man keine Hand mehr vor den Augen. Da kann ich nur lachen. Nun die Büchse (selbstverständlich in Camouflage) drauf, der Bock kann kommen. Als ein leiser Summton und das rote Blinken des Monitors das Annähern des Kapitalen ankünden, schalte ich den Infrarot-Suchkopf meines Zielglases Marke „Uhu-Mega" ein. Er führt den Büchslauf sicher ins Dunkel. Da muss der Langersehnte stehen. Ein Blick in die „Power-Infra-Zieloptik" mit LCD-Display und WLAN-Modul zeigt mir endlich das „Live-Bild". Ja, tatsächlich, er sieht genauso aus, wie auf den Video-Aufzeichnungen des Jagd-Anbieters „Hussa-Ho!". Ein sanfter Druck auf das blaue Knöpferl am Zielfernrohr, das sich bereits selbsttätig auf Meereshöhe, Luftdruck, Windgeschwindigkeit, Schusswinkel, Kaliber und Geschossgewicht eingestellt hat, zeigt die durch Laser gemessene Entfernung an: 317,6 Meter. Kein Problem für die erprobte „20–319 Magnum-Megasonic“. Jetzt ein kleiner Tipp auf den Auslöser, das winzige „high-density-Tofu-Geschoss“ (Blei war einmal) zischt durch die Nacht. Der grüne Punkt im Zielglas blinkt fröhlich auf und meldet „Treffer“. Automatisch sendet eine integrierte Smartphone-App den Erfolg an Facebook.

Freudig erregt steige ich von der Kanzel. Das eingebaute „GPS“ in der Waffe führt mich sicher zum Anschuss durchs Dunkel der Nacht. Doch da liegt kein Bock! Wiederum kein Problem. Mein Gott, was hat man da früher für Ärger mit irgendwelchen Hundsviechern und den arroganten Schweißhundführern gehabt! Mein „Taschen-Infra-Thermomat“ findet mit Piepston und führt mich sicher zum längst verendeten Gold-Medaillen-Kapitalen.

Glücklich hole ich aus der Gesäßtasche den „Jagdsignal-Blasomat“. Auf Taste 4 gedrückt, ertönt feierlich, meisterhaft vom „Schaumburger ES-Horn Bläserkorps“ geblasen, das „Bock tot“ durch die Nacht. Dann erklingt „Jagd vorbei“ (Taste 19) und danach feierlich „Halali“ (Taste 20). Es geht doch nichts über Jagd-Kultur und unser altes Brauchtum!

Nun noch schnell die „Polymax-Schnur“ am Träger befestigt. An der Kanzel angelangt, fixiere ich deren anderes Ende mit dem „Wild-Bergomat“ am Kanzelfuß. Knopfdruck! Mit leisem Surren fährt der Bock mit Kraft des Elektromotors (solarbetrieben) auf seiner letzten Reise herbei.

Jetzt, nach dem Verladen aber nix wie los. Die Freunde sitzen sicher schon voller Erwartung in der 4-Sterne-„Auberge Au Capreole d'Or“. Eilig klettere ich in den Allrad. Herrschaftszeiten! Schmerzhaft schlage ich mir den Schädel an der Türe.

„Kruzinesen!“ – Die Nachttischlampe ist mit voller Wucht auf mein edles Haupt gefallen. Zu heftig war mein Traum. Schweißüberströmt reibe ich mir erwachend die Augen. Da fällt mein Blick auf den Radio-Wecker: 3:13 Uhr, 1. April.

Nix los

Nix los. So sagt wohl mancher Jäger, wenn er ohne Schuss und Beute vom Ansitz kommt. Das ist halt Ansichtssache.

Ich bin ein Glückspilz. Seit über 20 Jahren darf ich im Staatsforst direkt vor meiner Haustür jagen. In wenigen Minuten kann ich in dem Riesenrevier von knapp 5.000 Hektar an Ort und Stelle sein.

Der Wald hat Glück im Unglück gehabt. Die wilden Orkanweiber Vivian und Wibke haben im Februar und März 1990 mit der trostlosen „Telegrafenstangerlfabrik“ aufgeräumt und ganze Waldparzellen wie Mikadostaberl flachgelegt. Dem Wald hat's gutgetan. Er wird seitdem immer schöner. Endlich hat die Forstpartie die fast zweijahrhundertlang alleinseligmachende Fichten-Monokultur (die trotz Nonnenkalamität weiter gepflegt wurde) aufgegeben und sich zum Mischwald, der vordem hier wuchs, besonnen. Es gibt ja den alten Spruch: „Am schönsten hat's die Forstpartie, denn es wächst auch ohne sie.“ Da hatten sich die Verantwortlichen offenbar nicht ans Natürliche gehalten und nur an schnellen Ertrag mit Fichte, Fichte, Fichte gedacht.

Heute schreiben wir den 11. Mai und es ist nicht nur warm, sondern hochsommerlich heiß. Jürgen der Berufsjäger rät mir zu einem besonderen Ansitzplatz: „Nach dem zweiten Abzweig fährst du links, dann nach der gestürzten Zwillingsbuche noch 200 Meter, dann siehst du schon hinten auf der Blöße die Kanzel.“

Ein wunderbarer Platz. Linker Hand stehen weiträumig hohe Fichten, zwischen denen junge Buchen hochkommen. Vor mir Jungwald und rechts ein Schlag, eine von altem Baumbestand umsäumte Fläche, bewachsen mit kniehohem Waldgras, kleinen Weidenbüschen und Fichtenanflug, etwa 100 Meter im Geviert.

Mehr und mehr vergoldet die sinkende Sonne die Baumwipfel, die schrägen Strahlen scheinen warm in meinen Hochsitz hinein. Die Lodenjoppe kann ich neben mich legen.

Je später es wird, je höher die Abendschatten gen Wipfel steigen, desto mehr steigert sich der Chor der Vögel zu einem vielstimmigen, jubelnden Konzert. Unzählige Amseln und Singdrosseln im Sängerwettstreit. Ein Ringeltauber mischt sich drein mit seinem „ruh-guh, rugugeruh“. Ein winziger Vogel huscht am etwa 60 Meter entfernten Waldrand durchs Brombeergezweig. Mit dem Glas verfolge ich den kleinen Sänger – den Zaunkönig. Sein schrill schmetterndes Gsetzl dringt laut und klar zu mir her. Dieser Winzling, nicht größer als ein Daumenglied, hat eine Lunge – besser müsste man sagen – ein Lüngerl, das kaum so groß ist wie ein Kleinfingernagel. Wie kann der so weit, so deutlich vernehmbar sein? Es dünkt mich wie ein Wunder.

Plötzlich ist er abgetaucht. Zwei Eichelhäher sind auf der Bühne erschienen. Mit System suchen sie Sträucher, Bäume und Büsche nach Fraß ab. Nach Vogelbrut. Es ist ihre Natur, auch sie wollen leben und ihren eigenen Nachwuchs versorgen.

Ständig schaue ich in die Runde, ob sich ein Wild blicken lässt. Ist es dafür noch zu früh? Doch halt! Vom rechten Rand des Hochwalds schiebt sich eine starke Sau in den Schlag. Im Glas versuche ich zu erkennen, ob’s ein Keiler ist. Doch sie ist so vertieft in ihren Fraß, dass sie den Kopf nicht hebt und mir ein blitzendes Gewaff zeigt. Ganz dunkelbraun und schlammverklebt ist sie. Sie hat wohl gerade erst ein Bad in der Suhle genommen. Wie sie so versunken im hohen Gras nur den hochgewölbten Rücken zeigt, könnte man glatt glauben, es sei ein Bär. Das wär’ doch was, ein Bär hier im Ebersberger Forst! Nach einer Viertelstunde ist sie direkt vor meiner Kanzel und ich erkenne deutlich: Eine Bache. Noch hat sie zwar keine Frischlinge, doch bald wird es so weit sein. Ganz dick und rund ist sie schon. Lang wird's nimmer dauern, dass sie einen Wurfkessel, ein Nest für den Nachwuchs, bauen wird und die kleinen „Streifenhörnchen" zur Welt kommen.

Die Schatten werden länger und wandern stetig weiter in den Schlag hinein. Die Bache ist pürzelschwenkend in der Fichtendickung untergetaucht. Hinter mir schlägt jetzt ein Schwarzspecht seinen Trommelwirbel. Langsam drehe ich mich um. Pechschwarz, mit einem breiten, roten Scheitel, klimmt er am Stamm einer Fichte empor. Sorgfältig begutachtet er die Rindenspalten, holt hier und da etwas heraus. Daraufhin fliegt er zu Boden, um an einem Holzstumpf die herumkrabbelnden Ameisen aufzupicken. Gleich landet neben ihm Frau Spechtin, kenntlich an einem wesentlich schmäleren roten Scheitel. Da fliegt er davon und stößt im Flug sein schrilles „brri – brri – brri" aus. Und von weiter weg ertönt sein klagend sehnsüchtiges „kliääääh".

Als die letzten, altgoldenen Sonnenstrahlen nur noch von ganz tief unten durch den Hochwald dringen, trabt ein prächtiger Fuchs an meiner Kanzel vorbei. Noch im vollen Winterbalg, mit einer blütenweißen Blume am Ende der buschigen Lunte. Er wartet wohl noch mit dem Haarwechsel, bis die Eisheiligen vorbei sind. Den will ich gern länger anschauen. Der ist zu schön! Mit gespitzten Lippen mache ich einen Mauspfiff. Das reißt ihn herum. Direkt in die Linsen meines Glases äugt er. Nach kurzem Verhoffen trollt er wieder davon. Erneuter Mauspfiff. Abermals wirft es ihn herum und noch einmal begegnen sich unsere Blicke. Jetzt legt er den schlauen Kopf schräg, als überlegte er – kann das wirklich sein, dass da droben auf der Kanzel eine Maus sitzt? Man könnte beinahe seine Gedanken lesen, als er – fast kopfschüttelnd – seinen Weg fortsetzt. Schlaufuchs!

Dort, im Unterholz, wo er jetzt hintrabt, hatte noch kurz zuvor eine Amsel tickend ihr Gezeter ertönen lassen. Das tun sie oft, wenn sie sich zur Nacht ins dichte Geäst zurückziehen. Das ist eine Art Unterhaltung und will auch gar nichts Besonderes heißen. Doch jetzt, da sie den Fuchs entdeckt hat, klingt es ganz plötzlich anders: „Gück, gück, gück!“, ertönt ihr Warnruf. „Achtung! Feind in Sicht!“

Die Sonne ist nun untergegangen, die Luft hat sich abgekühlt. Vorsichtig schlupfe ich in die warme Lodenjoppe. Kein Wild zeigt sich in der Runde.

Grad’ wie ich das Glas sinken lasse, tauchen von der gegenüberliegenden Rückeschneise her zwei Hirsche auf. Lange sichernd verhoffen sie vor der offenen Fläche. Der vordere hat schon bis zum Mittelend’ geschoben und ist der Figur nach etwa fünf- bis sechsjährig. Sein jüngerer Genosse zeigt gerade eben ein grausamtiges Vorderend’. Keiner ihrer Lauscher rührt sich. Nach einer Minute unbeweglichen Sicherns ziehen sie vertraut, langsam in den Schlag, eifrig hier und da ein Gras, ein Blatt äsend. Ganz nah ziehen sie vorbei, deutlich ist das rupfende Geräusch beim Äsen zu vernehmen.

Allmählich verblassen die Lichter. Würzige Waldesdüfte steigen aus den sonnenerwärmten Gründen. Leise flüstern die Gräser im Abendwind. Schaurig-schön erklingt das Notturno des Waldkauzes. Wieder und wieder: „Huhuhuhuu.“

Die Farben sind nun gänzlich erloschen, der Tag vergeht in sinkender Dunkelheit. Die Umrisse der Büsche und Bäume sind im Dämmern zu dunklen Schemen verschwommen. Für einen sicheren Schuss ist’s nun zu finster geworden. Die beiden Kolbenhirsche sind längst weitergezogen. Jetzt kann ich sie beim Abbaumen auch nicht mehr stören. So packe ich meine „sieben Zwetschgen“ zusammen, steige die Leiter herab und gehe, vor mich hin redend davon. Nun bin ich für’s Wild der harmlose Spaziergänger, den sie an seinem Verhalten erkennen und nicht fürchten müssen. Das Getier, der Wald will jetzt seine Ruhe!

Langsam rolle ich heimzu durch den stillen Forst. An einem Wegkreuz versperrt mir im Licht der Scheinwerfer eine Bache den Weg. Ein winziger Frischling ist bei ihr. Sollte das alles sein? Doch da wuseln sie schon daher. Zwei, drei, vier, fünf kleine „Streifenhörnchen“ zockeln aus dem Gebüsch. Aha, auf die restliche Bande hat die Bache gewartet und mir den Weg versperrt, damit ja keins überfahren wird.

Welch schöner Abschluss des Abends.

Wenn aber jetzt noch jemand auf einen Knalleffekt wartet, dem kann ich nur sagen: Weiter war nix los!

War wirklich nix los?

Jäger(in)prüfung

Schon in der Verlobungszeit hab' ich meine Zukünftige angesteckt mit meiner Jagdleidenschaft. Ist auch nicht schwer gewesen, denn den prägenden Teil ihrer Kindheit verbrachte sie im Allgäuer Bergdorf Hinterstein, wo ihr Onkel Berufsjäger bei den Wittelsbachern war. Der nahm das jagd- und naturbegeisterte Kind oft mit ins Revier und alles, was mit Wild, Jagd und des Onkels Schweißhunden zusammenhing, wurde ihr schon früh vertraut.

So war es nur selbstverständlich, dass sie bald selbst jagen und nicht nur als Flintenspannerin ihrem jagdnarrischen Ehegespons zur Seite stehen wollte. Unsere Freizeit spielte sich fast ausschließlich auf der Jagd ab. Von ihr gleichfalls heiß geliebt, brachte ich die seinerzeit legendäre, braune Deutsch-Kurzhaarhündin „Cita von Schweiklberg" mit in die Ehe. Wenn meine Frau damals von ihren Bekannten, die von Verlobung und baldiger Hochzeit erfahren hatten, gefragt wurde, was denn der Zukünftige für einer sei, so hatte sie eine die sittsamen Allgäuer schockierende Auskunft:

„Er bringt auch schon seine Tochter Cita mit in die Ehe. Eine ‚schokoladenbraune'."

In den späten Sechzigerjahren war die Teilnahme an einem Jungjägerkurs zwar noch nicht Pflicht, doch die Prüfung war bereits damals schon reichlich schwer und setzte umfassendes Wissen und Können voraus. In ihrem Fall wäre ein Kursbesuch im Oberallgäu auch zu kompliziert gewesen; denn obwohl ihr Erstwohnsitz zu der Zeit noch Sonthofen war, so lagen unsere Wohnung und unser Lebensmittelpunkt im Oberbayrischen. Und so musste sie demzufolge als Allgäuerin die Prüfung im zuständigen Regierungsbezirk Schwaben in Augsburg machen.

Wir beschlossen, nachdem sie sich zur Prüfung im kommenden Frühsommer angemeldet hatte, dass ich ihr Kursleiter und Ausbilder sein werde. Praxis hatte sie mehr als genug und für die Theorie standen ihr in unserer Bücherei einige Meter an Büchern jagdlicher Literatur zur Verfügung.

Als Ausbilder und Jagdscheinbesitzer durfte ich bei den Prüfungen von Jungjägern aus anderen schwäbischen Landkreisen zuschauen und so fand ich mich als „Schlachtenbummler" bei einem der vorher stattfindenden Termine in Augsburg im „Ziegelstadl" ein. Noch bevor es losging, lief mir mein alter Freund, der „Heindl Schorsch", über den Weg. Wir kannten uns seit Langem. Bei ihm in seinem Revier im Donauried hatte ich einst, selbst frisch gebackener Jungjäger, mit 16 Jahren meinen ersten Rehbock erlegen dürfen. Diese Jagdgelegenheit spendierte mir damals die Augsburger Jägerschaft als Dank. Mit meinen vier weiteren Freunden bildeten wir eines der ersten Jagdhornbläser-Korps in Bayern. Da Augsburg noch keine eigenen Bläser hatte, waren wir stets angefordert, wenn es bei den dortigen Jägern was zu feiern gab.

„Was machst denn du hier?", war seine erstaunte Frage, als er mich nach so langer Zeit wieder sah.

„Meine Frau macht demnächst hier mit der Oberallgäuer Gruppe die Prüfung."

Scherzhaft meinte er: „Ich bin hier der Schießobmann, sie braucht sich also keine Sorgen zu machen, ich werde bei ihren Büchsenschüssen immer einen Zehner anzeigen."

„Das lass mal ruhig bleiben, die Frau schießt wie Gift, die Zehner werden echte sein!"

Er lachte. „Gut, es muss ja auch mit rechten Dingen zugehen. Nur die Tontauben, bei denen kann man nix mankln, die muss sie echt treffen, doch da ist man nicht so streng."

Als die Prüfung begann, traf ich noch andere Kursleiter, die sich über den Ablauf informieren wollten. Einer von ihnen sprach mich an.

„Welchen Kurs leiten Sie?"

„Den Spezial-Kurs der Meyden-Gruppe." Er runzelte die Stirn, schaute mich etwas ungläubig an, fragte aber zum Glück nicht mehr nach. Ich stellte mich im Verlauf des Tages hinter jeden der Fachprüfer und hörte erstaunliche Antworten, wobei ich mir oft das Lachen verbeißen musste. So zeigte beim Fach „Wildkunde" der Prüfer dem Kandidaten das Präparat eines Sperbers.

„Was haben wir hier für einen Vogel?"

Siegessicher warf sich der junge Mann in die Brust: „Ein Schnepf!"

Mein Kursleiter-„Kollege" riet mir, auf die kleinen Kästchen zu achten, in denen in Gips Fährten und Spuren abgedrückt waren. Dort erkannte man jeweils einen relativ leicht zu identifizierenden Abdruck, neben dem ein schwer erkennbarer zu sehen war. Der „Kollege" riet mir, davon Notizen zu machen. Das erwies sich als äußerst wertvoller Tipp. So war beispielsweise in einem Kästchen die wohlbekannte Sau-Fährte, neben der ganz klein eine Iltisspur war. Diese Paarungen, so sagte ich mir, muss meine Frau auswendig lernen.

Der Prüfer im Fach „Hunde" war ein weitbekannter „Deutsch-Langhaar-Mann". Er war mir überdies auch als Rassefanatiker bekannt und hatte es speziell auf seinen „Anti-Pol", die „Deutsch-Kurzhaar-Leute" abgesehen. Diese Rasse bezeichnete er verächtlich als die „Nackerten". Ich hatte ihn einmal auf einer Suche des „Süddeutschen-Jäger-und-Gebrauchshundeverbands" als gnadenlosen Hinrichter anderer Rassen erlebt. Hier drohte Gefahr. Da musste ich meine Frau warnen, sich um Himmels Willen nicht zu outen.

Der Termin für ihre Prüfung wurde endlich bekannt gegeben. Ausgerechnet zu diesem Zeitpunkt musste ich zu einer unaufschiebbaren, geschäftlichen Besprechung nach Italien und ein zweites Auto hatten wir noch nicht. Da kam uns der Zufall zu Hilfe.

Schwester und Schwager meiner Frau flogen in den Urlaub. Kürzlich erst hatte der Schwager sich seinen Wunschtraum in Gestalt eines feuerroten Porsches erfüllt. Den wollte er keinesfalls auf dem Parkplatz des Münchner Flughafens stehen lassen. Ein Parkhaus gab es auf dem damaligen Flughafen München-Riem nicht. Er fragte an, ob er sein rotes Heiligtum bei uns im Hof abstellen dürfe, dann könne er ruhiger den Urlaub genießen.

Ein Taxi sollte das Ehepaar zum wenige Kilometer entfernten Flughafen befördern, nachdem er seinen Donnervogel bei uns abgestellt hatte. Schon wollte er die Autoschlüssel in der Tasche verschwinden lassen, da gab ihm meine Frau zu bedenken, dass vielleicht Umstände eintreffen könnten, wonach der Wagen an einen anderen Platz gebracht werden müsse. Mit vom Trennungsschmerz verzerrter Miene übergab er ihr die Schlüssel, nachdem er seinen Liebling noch liebevoll mit einer Plane gegen alle Wetterunbilden zugedeckt hatte. Es fehlte nur der Abschiedskuss auf die Kühlerhaube. Eine Garage hatten wir nicht, was uns in seinen Augen eines solchen Schmuckstücks unwürdig zeigte.

Das Taxi brachte nun das Ehepaar zum Flughafen. Meine Frau jubilierte. Ihre Probleme, nach Augsburg zu gelangen, waren gelöst. Ein eigenes Fahrzeug hatte sie noch nicht. Ihr fehlte auch jedes Verständnis, ein Auto zu einem Kultgegenstand hoch zu stilisieren. Obwohl sie schöne Dinge gerne um sich hat und ihren Wert durchaus schätzt und erkennt, war und ist ein Auto für sie ein Gebrauchsgegenstand, vergleichbar mit einem Kühlschrank oder einem Rasenmäher. Es hat bei Bedarf zu funktionieren. Basta!

Am übernächsten Tag donnerte sie mit der teuren Kutsche zum Prüfungsort. Die dort bereits versammelten Prüflinge aus ihrem Heimatkreis bestaunten ein wenig scheel das Superauto mit dem Sonthofer Kennzeichen, dem dann auch noch – man konnte es kaum fassen – eine hübsche junge Frau entstieg.

Die staunende Männergesellschaft schickte nun den Kursleiter vor, der ergründen sollte, was das schicke Weib hier wolle.

„Was führt denn Sie hierher?"

„Ich bin heute zur Jägerprüfung angemeldet."

„Nanu, Sie waren aber gar nicht in unserem Kurs, wo haben denn Sie einen gemacht?"

„Ich habe gar keinen gemacht, mein Mann hat mich ausgebildet."

„O mei, junge Frau, da haben Sie keinerlei Chancen durchzukommen, am besten Sie fahren wieder heim, bevor Sie sich blamieren."

Das war niederschmetternd. Der Mann musste es ja wissen. Aber dass meine Frau sich mit Geschwätz nicht den Wind aus den Segeln nehmen lässt, das konnte er nicht wissen. Ein kleiner Stachel des Zweifels blieb ihr dennoch. Und das war auch nicht verwunderlich. Da stehen 22 Mann mit überlegenem Grinsen um sie herum, alle sind mit einem einjährigen Kurs eines anerkannten Profis bestens vorbereitet. Und dann kommt so ein Weiberleut daher, auch noch mit einem Porsche! Und was soll denn das für ein Kurs gewesen sein? Ja meint denn die, wir sind alle blöd? So sah es aus.

Da gab's nur eins. Die Flucht nach vorn. In der Schießstätte Ziegelstadel war auch eine kleine Restauration. Dort kaufte sie sich an der Theke einen doppelten Enzian. So. Und jetzt: Wo ist der Feind?

Die Prüfung begann. Ausgerechnet beim Hundemann. Gleich ging's los mit den Rassen. Vorsorglich hatte ich ihr einige Deutsch-Langhaar-Zwinger genannt, die sie geschickt ins Spiel brachte. Ihre Erfahrungen mit unserer Deutsch-Kurzhaar, bei der sie bei der Abrichtung mir zur Seite stand, übersetzte sie nun ins „Langhaarige". Das Eis war gebrochen. Prüfer und Geprüfte unterhielten sich lebhaft über Suchen- und Dressurprobleme, sodass die Zeit für andere Fragen schnell verstrich. Bei den Fährten und Spuren brillierte sie mit absolut sicherer Kenntnis aller Abdrücke. Darüber hinaus wurde sie aber unter besonderen Beschuss genommen, denn eine Frau, so sie denn Jägerin werden wollte, musste mehr wissen und können als die Mannsbilder. Die Experten fragten und bohrten, fragten sogar eindringlicher als bei den „Herren der Schöpfung".

Der Tag ging schnell dahin. Büchsenschießen war kein Problem, auch die vertrackten Repetiererschlosse und Drillinge wurden von ihr sicher auseinandergenommen und wieder zusammengesetzt. Bei den Tontauben aber patzte sie reichlich, doch glücklicherweise war damals eine Trefferquote noch nicht vorgeschrieben.

Und dann brach der späte Nachmittag an, die Stunde der Wahrheit schlug. Die ganze Gesellschaft versammelte sich zur Urteilsverkündung, zur Zeugnisverteilung. Es wurde spannend.

Der Leiter der Prüfungskommission machte ein unheilschwangeres Gesicht. „Leider, meine lieben Jägerkandidaten, wird es unter Ihnen einige bittere Enttäuschungen geben."

Alle Augen richteten sich auf meine Frau. So nach dem Motto: „Wir haben es ja gleich gewusst. Da kommt so eine daher mit einer Extrawurscht ausgerechnet von München und meint, wir Provinzler sind alle blöd."

Der Leiter fuhr fort: „Von den 22 Prüflingen haben leider nur elf bestanden. Jetzt aber kommt die größte Überraschung des Tages."

Er machte eine kunstvolle Pause, bei der sich jeder erhoffte, er selber sei's.

Dann ließ er die Katze aus dem Sack: „Die einzige Dame hat mit großem Abstand die meisten Punkte erzielt und somit als Beste abgeschnitten. Ich wünsche allen, die bestanden haben, ein herzliches Weidmannsheil und bitte um besonderen Applaus für unsere frisch gebackene Jägerin!"

Da gab es dann keinen, der ihr nun nicht die Hand schütteln wollte und ihr gratuliert hätte. Jetzt hatte es jeder geahnt, dass hier glühende Passion zum Erfolg geführt hatte.

Übrigens: Unser Schwager, der nach eigenen Worten ein glühender Jagdfeind ist, weiß bis heute nicht, dass sein roter Liebling auf solche Weise missbraucht und entweiht wurde. Wenn Sie ihn mal treffen – bitte verraten Sie uns nicht!

Intuition – Zufall?

Die Erlegung eines Rehbocks – ein Zufall? In einem Hochwildrevier mit Rotwild und reichlich Sauen ist der Rehbestand jedoch relativ dünn, sodass deren Erbeutung einen besonderen Reiz hat. Dennoch ist's kein Zufall, der, wie Voltaire sagt, „ein Wort ohne Sinn [ist]; nichts kann ohne Ursache existieren."

Es ist jedenfalls nicht alltäglich, wenn man wie ich, seit Tagen in Gedanken auf einen ganz bestimmten Punkt, also Hochstand, fixiert ist, dass hier der Bock der Böcke kommen muss, kann, soll und wird. Diese Vision geht mir einfach nicht aus dem Kopf. Wieso ausgerechnet hier?

An anderen Plätzen hatte ich bereits mit Erfolg geblattet und einen geringen Spießer und einen Gabler kunstlos auf ihre rote Decke gelegt. Jedes Mal jedoch hielt mich irgendetwas von jener gewissen Leiter fern, jedes Mal reute es mich, es dort nicht längst mit dem Blatten probiert zu haben. Die Vernunft sagte mir, du hast dort vor einem Monat schon einen erlegt, so schnell wachsen die Böcke nicht nach! Doch magnetisch zieht es mich wieder da hin.

Die Brunftzeit ist nun schon ein wenig über den Höhepunkt hinaus, bald haben wir St. Rochus, den 16. August, wo der Rehbock ins Faulbett geht, und ich bin immer noch nicht auf diesem Hochstand. Jeden Nachmittag toben Gewitterstürme mit heftigen Regengüssen, die sich bis in den späten Abend hinziehen. In der Früh komme ich nicht hinaus, aber heut Nachmittag, da packe ich's an, und wenn's Frösche regnet. Nein, auf die Kanzel 100 Meter weiter, die hat zwar ein Dach, nein, auf die gehe ich nicht, selbst wenn's nass werden sollte. Und überhaupt – ich habe lieber, wenn's irgendwie geht, den freien Himmel über mir. Die kleine Leiter unweit dahinter, die muss es unbedingt sein. Sie steht am Rand eines Buchenjungwalds mit Blick in den weitlückigen Bestand von altehrwürdigen Fichten. Linker Hand ragt ein Spitz von Jungfichten in den Hochwald. Desgleichen, einen Kugelschuss weit, auf der halbrechten Seite. Den Waldboden bedecken Farn und Brombeergerank. Fallholz und Baumstümpfe sind dicksamten bemoost. Der geringe Bock, den ich hier schoss, blieb heranwechselnd immer wieder sichernd stehen, äugte zurück. War es, dass die Waldgeister mir ins Ohr geflüstert haben, da müsse noch ein Stärkerer, den er zu fürchten hatte, seinen Einstand haben? Warum zieht's mich ausgerechnet hierher, an diesen Ort? Mir stehen doch unzählige andere Ansitzmöglichkeiten im Riesenrevier zur Auswahl. Fege- oder Plätzstellen? Fehlanzeige. Was soll hier noch geschehen?

Nun gut, heut will ich mich endlich vom Gefühl leiten lassen, will wieder ein wenig „Tier plus x" sein. Mit etwas weniger „x", mich mehr dem Instinkt, der Intuition hingeben.

Viel zu zeitig bin ich dran. Doch was heißt zu zeitig? Im Wald alleine zu sein, zu schauen, zu lauschen, zu schweigen und mich dem Zauber der Natur zu öffnen, da kann man nie zu früh dran sein.

Meine alte Raika darf heute auch mit unter den Hochstand. Der ist so niedrig, dass wir beide bei schlechtem Wind gleichermaßen wahrgenommen würden. Da ist's dann auch egal, wenn der Hund neben der Leiter liegt. Die BGS-Hündin ist nun 13 Jahre alt und selig, wenn sie noch ein bisserl mitjagern darf. Droben krame ich mein Tarnnetz aus den unerschöpflichen Tiefen meines Rucksacks, hänge es um den Sitz herum. Für meinen Geschmack steht der ein wenig zu frei da, der Hintergrund deckt meine Silhouette zu wenig. Das wird ein indianerstarres Hocken.

Ganz still ist's, nur ganz hoch oben im tief azurnen, wolkenlosen Himmel rumort ein Flugzeug. Die Vögel sind schon seit einigen Tagen verstummt, die Jungen ausgeflogen; da gibt's kein Revier mehr zu besingen und zu verteidigen. Nur ein einsamer Ringeltauber ruckst noch seine Strophe mit dem Schlusspunkt. Eine

Viertelstunde will ich zuwarten, dann hole ich das Fliederblatt hinterm Hutband hervor.

Ganz zart lasse ich meine Anfrage in den schweigenden Hochwald entschweben. Nach zehn Minuten wird mein Rufen lauter, dringlicher. Eine lange Arie von Angstgeschrei gellt in den Dom der tiefernsten Fichten. Wie heißt doch der Roman von Ganghofer? „Das Schweigen im Walde." So auch hier.

Was hatte ich mir denn so vorgestellt? Gemächlich auf den Hochstand gehen, ein wenig Blatten und schon kommt er dahergewettert? Der Starke, der Heimliche, der Kapitale. Stellt sich brettlbreit her. Schieß doch, du Superjäger! Soll's geben. So liest man's ja ab und zu.

Die Stunden schleichen dahin. Kaum ein Laut, nur hin und wieder das sehnsüchtige „klüüh" des Schwarzspechts. Die Schnaken werden langsam lästig, je mehr der Abend näher rückt. Ein Häher rätscht rostig. Aha, jetzt tut sich wohl was! Aber wie ich auch schaue, den Kragen drehe wie ein Wendehals, die Bühne bleibt leer. Und wieder greife ich zum Fliederblatt. Da bewegt sich etwas, einen knappen Büchsenschuss weit. Bewegt sich, ist rot, ist rehrot und – ist ein Schmalreh. Jetzt nur nicht weiter blatten, sonst habe ich die junge Dame unterm Hochstand. Nicht wegen dem Hund, der bliebe brav liegen. Doch wenn sie den entdeckt, dann kann ich zusammenpacken, dann ist's aus mit meiner Musik! Dann spielt sie uns was auf!

Ich nehme sie genau in die Linsen des Spektivs. Nein, es ist kein Knöpfler, einwandfrei was Junges, eine Schmalgeiß. Langsam zieht sie, immer wieder an den Brombeerblättern naschend, näher. Doch plötzlich wirft sie auf, mit einem Ruck, mit hochgestellten Lauschern stellt sie sich misstrauisch sichernd zum rechten Jungwald spitz hin. Aha, da werden jetzt die Sauen kommen! Bin gespannt, was sie dann tut. Und da sehe ich schon in der unbeasteten Zone der Stämme eine Bewegung. Wie viele werden es sein? Doch was da mit gesenktem, wie mit spitzen Bajonetten bewehrtem Haupt ins Freie tritt, ist ein Bock. Und was für einer! Alle grünen Geister! Meine Vision!

Sogleich fährt er auf die Schmalgeiß zu – der Reigen beginnt. Wie eine rote Flamme huscht das brandrote Geißl und hinterdrein der hirschrote Bock. Fort geht die Reise, in Kreisen, Volten und Achtern, hinein ins Dunkel des Bestandes. Aber gleich sind sie wieder da. Die Büchse ruht gestochen auf dem Seitenholm. Was ich auf die Schnelle durchs Glas gesehen habe, raubt mir die Ruhe. Da gibt's kein langes Zögern, der passt! Jetzt wendet er sich von ihr ab, steht aber immer verdeckt hinter den dicken Stämmen. Mal ist das Haupt frei, mal nur die Schlegel. Dann ist er ganz verschwunden. Herrschaftszeiten! Wo ist er nur? Hat er sich leis' davongestohlen? Ist die Gestalt dort hinten das Schmalreh oder ist er es? Nein, es ist die junge Geiß. Er hat sich wohl niedergetan. Entstechen! Sichern! Ich bleibe im Anschlag. Doch da taucht er wieder auf, beginnt sofort erneut zu treiben. Schießen? Unmöglich. Der gestochene Büchslauf fährt mit. Nach einer kurzen Runde trennen sich die beiden Liebenden. Halb verdeckt sehe ich ihn äsen. Zwischen den Baumstämmen nur ein schmaler Streifen roter Decke. Dann lugt nur das Haupt mit dem blitzenden Gezack hervor. Dieser Anblick jagt meinen Puls rauschend in die Ohren. Jetzt steht er hinter einem mächtigen Baum minutenlang brettlbreit, aber nur die Schlegel sind frei. So geht das eine geschlagene halbe Stunde. Stechen, entstechen, sichern, entsichern, stechen, entstechen, sichern! Total nach rechts verdreht, verschraubt sitze ich da, das rechte Bein ist halb auf den Sitz gezogen, durch die verkrampfte Haltung ist es längst taub. Doch ich wage nicht, mich bequemer hinzusetzen. Dranbleiben, mit dem Aug', mit dem Büchslauf!

Die Geiß zieht jetzt langsam nach rechts und verschwindet in einer Buchenjugend. Wo, zum schwarzen Samiel, bleibt der Galan? So toll scheint das Verlangen nach der letzten Liebe seiner Minnezeit nicht mehr zu sein. Irgendwann muss er doch nach ihr schauen! Ich kann ihn nicht mehr sehen, die starken Stämme stehen, durch die Entfernung zusammengerückt, einfach zu dicht. Hat er sich also doch unbemerkt empfohlen? Einen zarten Fiepton wage ich nun, da die Geiß fort ist, und lasse schnell das Blatt sinken. Denn jetzt, die gestochene Büchse ruht immer noch im Anschlag, taucht er zwischen zwei Bäumen auf, das Fadenkreuz steht auf dem Stich und der Schuss gellt hinaus. Ich sehe Läufe in die Luft ragen und langsam niedersinken.

Ganz fertig bin ich. Eine volle halbe Stunde allerhöchster Spannung und Konzentration. Die liebe Hündin äugt mich von unten herauf an. Sie weiß Bescheid, weiß, was der Knall bedeutet.

So sehr es mich hinunterzieht, noch bleibe ich oben hocken. Die Schmalgeiß sehe ich weit entfernt aus den Buchen herauswechseln, der Schuss hat ihr nichts bedeutet. Dennoch will ich ein wenig warten, bis sie gänzlich fortgezogen ist.

Die Kugel hat ihn in die Brombeeren lang hingeworfen. Mit bereits opalen umflorten Lichtern liegt er da. So lasse ich ihn, richte nur das edle Haupt auf. Einen kleinen Weg muss ich machen, um einen gerechten Bruch zu holen. Diese Krone verdient einen besonderen und eine nachgenießende Andacht.

Herr und Hund sitzen lange beim Erlegten, dankbar, dem inneren Ruf gefolgt zu sein, dankbar für das Geschenk des Waldes, bis die Dämmerung zur roten Arbeit und zur Heimkehr mahnt.

Jockel

Der Tag des bitteren Abschieds war gekommen. Am Morgen taumelte meine Raika aus ihrem Korb, brach zusammen, raffte sich mühsam wieder auf und brach wieder zusammen. Unsere Freundin und Tierärztin kam und erlöste die Hündin von einem Gehirnschlag. Vierzehn Jahre Zusammenleben mit intensiver Nachsuchenarbeit schmieden enger zusammen, als man glaubt. Die Trauer und Leere hernach kennt jeder Hundebesitzer. Selbst die Kurzhaardackelhündin „Fini" meiner Frau versank in Apathie. Die zwei Hündinnen waren ein Team.

Was kommt nach der dunklen Zeit der ersten Trauer? Kann ich ohne Hund leben? Jagen? Noch mal einen Schweißhund? Mit dem Doppelsiebener auf meinem Buckel? Wieder auf allen Vieren durch bürstendichtes Unterholz? Nein, das wäre unfair dem Hund gegenüber.

Nach langer, gründlicher Überlegung stand für mich fest, dass mein letzter Hund ein Kurzhaardackel sein würde. Genauso wie mein erster eigener Hund, der „Wasti", es gewesen ist. Und es stand ferner fest, dass er aus dem Zwinger – „vom Römergraben" – unserer Fini stammen müsse, da wüssten wir, aus welch hervorragendem Haus er kommen würde. Er? Ja, ein Rüde sollte es nun sein. Das Risiko, dass zwei Hündinnen zu Rivalinnen werden könnten, wollten wir vermeiden. Aus befreundeten Jägerkreisen hatten wir genug von blutigen Zweikämpfen gehört. Wenn zwei Hündinnen einmal eine Feindschaft aufgebaut haben – dann gnade Gott bzw. Sankt Hubertus.

Die Wochen der abwägenden Überlegungen gingen dahin. Sollte ich wirklich meiner Sehnsucht nach einem Hund nachgeben? Meiner ersten Prägung auf einen Dackel?

Intuition – Zufall?

Raika mit dem Lohn der Intuition

Jockel

Jockel nach der Schweißarbeit

Himbeerbock

Der Himbeerbock ...

... da drunten war sein Einstand. (Aquarell von Eugenie Meyden)

Auch meine Frau hatte bereits als Achtjährige eine prägende Begegnung mit einem Dackel. Im Spätwinter quartierte sich ein solches Krummbein bei der hundeliebenden Familie ein. Er war eines Tages, wie selbstverständlich, einfach da, wurde gefüttert, versorgt und zeigte hinfort keinerlei Absicht, das gastliche Haus zu verlassen. Die Familie machte sich Sorgen, wer wohl den Dackel vermissen würde.

Also zog die Achtjährige mit dem Findelkind an der Leine zur heimatlichen Sonthofener Polizeistation. Die Herren dort hatten jedoch noch keine Vermisstenanzeige vorliegen. Also wurde ein Protokoll aufgenommen.

„Wie heißt der Hund?"

„Woher soll ich das wissen, er sagt ja nix."

„Ja, da hast du auch wieder recht. Ist es ein Männle oder ein Weible?"

„Ich hab' keine Ahnung, wie soll ich das denn erkennen?"

Die Ordnungshüter grinsten verstehend, „dann heb' ihn mal ein bissl hoch! Ja, es ist ein Männle!"

Nachdem das Kind eigenen Namen und Adresse angegeben hatte, schickten die Herren das kleine Gespann wieder heim. Sie würden sich wegen des Besitzers melden.

Am übernächsten Tag kam der Dackelbesitzer seinen Liebling abholen. Es war der Zahnarzt Maute aus dem Nachbarort Fischen. Ein Jäger.

Nächstentags war der Hund, inzwischen wusste man, dass er „Rolli" hieß, wieder da. Er blieb so lange bei der Familie in Sonthofen, bis die Jagdsaison begann. Dann war er plötzlich wieder fort, ab nach Hause, bis am Jahreswechsel die Schonzeit begann und die Dackel-Langeweile ihn anödete. Wohnungswechsel! Jetzt war der Rolli wieder da. Hier war was los. Er ließ sich Puppenkleider anziehen, ein Babyhäubchen aufsetzen und im Kinderwagen in der Stadt umherfahren. War ein Widersacher in Sicht, sprang er samt Jäckchen, Höschen und Häubchen aus der Kinderkutsche, um sich auf den Gegner zu stürzen. Nach Stunden kam er dann, einiger Kleidungsstücke ledig, im Elternhaus meiner Frau angehumpelt. Und so blieb es Jahr für Jahr, bis seine kleine Freundin ins Internat musste. Die Trennung war schmerzlich und endgültig. Rolli kam nie wieder, auch nicht in den Ferien, obwohl er – wie man erfuhr – noch etliche Jahre lebte.

Mein Dackel-Plan war nun ausgereift. Im kommenden Frühjahr sollte der neue Hausgenosse zu uns kommen. Um sicher zu gehen, ob „Stahl-Papi", wie wir insgeheim den Züchter nannten, auch wirklich einen Wurf haben würde, rief ich lieber gleich an.

Mit trauriger Stimme verkündete mir der alte Jäger, er sei nun 83 Jahre alt und würde nicht mehr züchten. Aber – jetzt kam der Angelhaken – aus dem allerletzten Wurf seien noch drei wunderschöne Welpen, 13 Wochen alt, zu haben, ein Rüde und zwei Hündinnen. Da war's dann auch passiert.

Die Heimreise mit dem kleinen „Jockel" aus dem Hohenloher Land verlief ruhig und problemlos. Es wurde weder geweint noch gespien, nur geschlafen. Gute Nerven schien der Kleine zu haben. Es heißt jedoch nicht umsonst, wer sich für einen Dackel entschieden hat, ahnt noch nicht, worauf er sich da eingelassen hat. Die Fini war anfangs von dem neuen Hausgenossen nicht sehr begeistert. Sie dachte sicher, „der bleibt nicht lange". Innerhalb weniger Tage jedoch hatte sie den Dreimonatigen als ihr eigenes Kind akzeptiert. Das ging dann eines Tages so weit, dass sie die ihr vertraute Hündin unseres Sohnes, als diese beim Spiel den Jockel aufklagen ließ, in eine wilde Beißerei verwickelte. Die zwei waren nun ein Team.

Dass der Kleine einen lockeren Hals hat, stellte er bald unter Beweis. Wir waren zu einer festlichen Vernissage einer bedeutenden Künstlerin eingeladen. Da ich den Jockel noch nicht für längere Zeit allein daheim lassen wollte, nahm ich ihn auf dem Arm mit ins Geschehen. Er genoss es, von vielen Gästen gestreichelt und bewundert zu werden. Bis es endlich losgehen sollte, wurde mir der kleine Frosch doch ein wenig zu schwer. Ein paar Stühle für Prominenz waren aufgestellt und so setzten wir uns zwischen Landrat und Bürgermeister. Vor der zahlreich versammelten Besucherschar baute sich nun eine in Wallegewänder gekleidete Dame auf.

„Aha", dachte ich, „jetzt kommt die Eröffnungsrede." Fehlanzeige! Die Dame holte tief Luft und sang mit schriller Stimme ein ergreifendes Lied. Jockel war ebenfalls ergriffen. Auch er holte tief Luft und jodelte los, dass die Bilder wackelten.

Die gesamte Gesellschaft, inklusive der Honoratioren, brach in schallendes Gelächter aus. Die feierliche Eröffnung war geplatzt. Herr und Hund flohen.

Seinen lockeren Hals zeigte er bald nochmals unter jagdlichen Bedingungen. Bei einem unserer täglichen Waldgänge nahm er die Nase hoch, sauste in den Bestand und mitten hinein in ein paar Überläufer. Die preschten pürzelschwenkend davon, hinterdrein, wunderbar laut, der Dackelzwerg. Schnell war die ganze Gesellschaft außer Sicht. Nur hörte man den immer leiser werdenden, sich entfernenden Spurlaut. Dann Schweigen im Walde. Was geschieht, wenn er auf einen der schlecht gelaunten, wehrhaften Keiler gerät? Was geschieht, wenn er nicht mehr zurückfindet? Was geschieht, wenn ein Spaziergänger den kleinen, freundlichen Hund aufgreift?

Da steht man da, voller Angst, und schickt Stoßgebete gen Himmel. Dann, nach gefühlten Stunden (es waren höchstens 15 Minuten) taucht plötzlich weit, weit in der Ferne, am Ende des übernächsten Geräumdes ein winziger schwarzer Punkt auf. Wird größer, kommt immer näher und wird glücklich in den Arm genommen. Ab jetzt ist's mit der ungezügelten Freiheit vorbei. Zum Glück gibt's für die täglichen, ausgedehnten Spaziergänge die extra langen Flexi-Leinen. Da hat der Bursche genügend Auslauf und kann sich ausgiebig um jede Witterung und Fährte kümmern.

Den Anfang für die Fährtenarbeit haben wir in unserem Garten gemacht. Erst die Futterschleppe, die hat der verfressene kleine Kerl spielend ausbuchstabiert. Dann wurde es schwieriger. Kopf und Kragen von einem Fasangockel geschleppt – auch das war kein Problem, nur wollte er seine Beute gleich verschlingen. Es war nicht einfach, sie wieder aus seinem Fang zu ziehen. Dann wurde das Ganze mit zuerst einer, dann zwei Stunden Stehzeit im Wald geübt. Auch kein Problem. Die nächste Stufe war nun Rotwildschweiß mit einem geschleppten Lauf, der nur ein wenig mit Schweiß betropft wurde, vier Stunden Stehzeit und drei rechtwinkligen Haken. Wiederum keine Schwierigkeit für den arbeitsfreudigen Burschen.

Bei einer dieser Arbeiten zeigte er erneut, was ein gutes Nervenkostüm ist. Der Verlauf unserer Schweißfährte ging knapp neben einem Hochstand vorbei. Dort machte gerade, als wir uns dem Platz näherten, ein Jogger seine gymnastischen Übungen. Die wild ausschauenden Gesten mit Armschwenken und Rumpfbeugen sahen für einen unerfahrenen Hund mehr als bedrohlich aus. Dazu stieß der Mensch auch noch rhythmische Brüller aus. Von welchem Affen mochte der sich das wohl abgeschaut haben? Als ich aus der Entfernung sah, was da für eine Aufführung stattfand, dachte ich kurz daran, die Suche vorerst abzubrechen. Wir waren aber schon so weit gut auf der Fährte vorangekommen, dass ich dem Geschehen seinen Lauf lassen wollte. Jeder meiner früheren Hunde hätte in dem Alter zumindest gestutzt, vielleicht die Konzentration verloren, oder hätte sogar den sich gefährlich gebärdenden Typen angegriffen. Nicht so der Jockel. Er zögerte nur kurz, ließ sich aber nach beruhigendem „zur Fährte!“ keinesfalls weiter drausbringen. Jeder Hundeführer weiß, was es bedeutet, wenn direkt auf der Fährte ein derartiges Hindernis auftaucht. Ebenso weiß er, was für eine Wesensfestigkeit und Nervenstärke ein Hund haben muss, damit es ihn nicht irritiert.

Bereits im Herbst hatte ich reichlich Schweiß, Läufe und Schalen von Rot- und Schwarzwild gehortet und eingefroren. Jockel war nun knapp acht Monate alt und die Arbeit mit dem Fährtenschuh konnte beginnen.

Mitten in der Phase der ersten schwierigen Übernachtfährten wurde es ernst. Ich war bei meinem Freund Karl zum Morgenansitz, denn ich brauchte noch ein Reh für die Küche. Im ersten

Morgengrauen tauchte stattdessen ein Überläufer auf. Er verhoffte kurz und auf den Schuss war er, ohne zu zeichnen, im angrenzenden Dickicht untergetaucht. Am Anschuss weder Schweiß noch sonstige Pirschzeichen. Ein paar Schritte in die Dickung wagte ich noch, doch dann sollte Schluss sein. Gerade als ich abbrechen wollte, fand ich Schweiß. Lungenschweiß. Das sah ja nun gut aus. Mein Freund, den ich gleich anrief, war erst am Nachmittag frei und er riet mir, die Sache, die wohl nicht schwierig zu werden schien, selbst in die Hand zu nehmen.

Sicherheitshalber wartete ich aber noch eine halbe Stunde, bevor ich den Dackel zum Anschuss brachte. Wie ein alter Profi untersuchte er bedächtig den Platz und zog dann zielstrebig davon. Na gut, dachte ich, die Sau werden wir gleich haben. Es wurden aber fast 200 Meter, bevor der Schweißriemen schlaff wurde und der Jockel wütend den längst verendeten Wutz verbellte. Können Sie sich vorstellen, wie ich den kleinen Kerl abgebusselt habe? Ich denke, wir werden noch einiges von ihm hören.

Der Himbeerbock

Beinah' hätt' ich ihn überfahren. Allein das wäre ein höchst ungewöhnlicher Unglücksfall gewesen in dem riesengroßen Revier im Stillach-Rappenalptal mit seinen viereinhalbtausend Hektar und nur einer Talstraße darin, die überdies bloß von wenigen Berechtigten befahren werden darf. Halt, noch eine Straße gibt's, einen Abzweig, gleich hinter Birgsau, hinauf nach Einödsbach, der südlichsten Ansiedlung Deutschlands.

Und dorthin war ich, zum Glück langsam bergauf fahrend unterwegs, als ein Rehbock vom felsigen Tobel der Stillach emporstürmend, jählings knapp vor meinem Kühler über den Weg preschte. In der Eile auf dem glatten Belag kurz strauchelnd, verschwand er, so schnell wie er aufgetaucht war, bergan im Dunkel des Bergwalds. Doch die wenigen Augenblicke hatten genügt, um mir ein bewunderndes „Alle Teufel, was für ein Fetzenbock!" zu entlocken. Korbförmig ausgelegte, dunkle Stangen mit kleinfingerlangem Gezack der weiß blitzenden Enden. Eine wahre Krone. Und was ich ebenfalls auf die Schnelle erkannte – ein reifer Bock. Besser kann man ihn sich nicht erträumen.

Jetzt hieß es denken. Jetzt hieß es planen. Wo werde ich ihn finden? Dort wo er herkam, war nur steiler, felsdurchsetzter Bergwald, dem zu Füßen in einer Klamm die Stillach dahintost. Das konnte ich mir nicht als seinen Einstand vorstellen. Was hatte ihn wohl dorthin gelockt? Wir schrieben Mitte August. Noch war die Brunft nicht ganz vorbei. Gerade im Berg geht sie leicht noch ein paar Tage darüber hinaus. Hatte er eine Geiß oder einen Nebenbuhler getrieben und war er nun auf dem Rückwechsel zu seinem Einstand? Gleich morgen wollte ich mich dort droben, da, wo er hinaufgesprungen war, ansetzen. Etwa 200 Meter höher, beim „Arbonte“, wie dieser Platz heißt, wusste ich einen verschwiegenen Bodensitz unterhalb einer kleinen Felswand.

In diesem Sommer hatte ich bereits zwei Böcke auf ihre graue, dann später noch einige auf ihre brandrote Decke gelegt. Auch meine Frau, die ich zuvor weiter hinten im Tal mit ihrem Malzeug abgesetzt hatte, war mit zwei Böcken nicht leer ausgegangen. Jetzt, am Ausgang der Blattzeit, da nur noch wenige Böcke frei waren, richtete sich das jägerische Interesse ganz auf Rotwild und Sommergams. Rehwild spielte für die anteiligen Mitjäger sowieso nur eine ziemlich nebensächliche Rolle. Fiel wirklich einmal ein starker Bock, so war dann das Begehren hell entflammt, um jedoch bald, da solche Ausnahmsbeute nicht allerorten zu finden war, rasch wieder abzuflauen.

Die Erlegung dieses Bocks jedoch wollte ich mir gleichsam als diesjährige Krönung meiner Rehjagerei, bevor Hirsch und Gams mein Ziel wurden, mit allen Künsten des Blattjägers gönnen. Aber meiner Frau wollte ich davon noch nichts verraten. Dieser Höhepunkt sollte für sie ebenfalls eine Überraschung werden.

An diesem Nachmittag ließ ich das Jagern sein, fuhr wieder bergab und dann nach hinten in das lange Tal, um meiner Malerin ein wenig Gesellschaft zu leisten. Ich fand sie nicht gleich, dort wo ich sie abgesetzt hatte, doch ein Zuruf an meine BGS-Hündin Silva „Suchs Fraule!“ brachte uns bald wieder zusammen. Sie war erstaunt, dass ich nicht auf der Pirsch war, doch ich redete mich heraus, ich wolle noch ein paar späte Himbeeren für unser abendliches Dessert suchen. Da im Berg alles ein wenig später stattfindet, gab es hier heroben noch welche und ich hatte bald ein kleines Haferl voll köstlich duftender Waldfrüchte.

Am nächsten Morgen war ich erst bei Tageslicht unterwegs, hinauf zum Arbonte. Zu früh wollte ich nicht losgehen, denn in der Dunkelheit vertappt und vergrämt man oft mehr, als bei vollem Licht. Gut gedeckt auf meinem Bodensitzl hatte ich weiten Überblick im raumen Bestand mehrhundertjähriger Fichten und Buchen. Dem Waldrand schließt sich eine Fläche von

Latschen und Felsen an, die sich in der Höhe und Uneinsichtigkeit verliert.

Nach einer guten Viertelstunde probierte ich ein G'setzl mit dem Buchenblatt. Zwei, drei, vier zarte Fieptöne. Stille. Offenen Mundes lauschte ich. Drehte langsam meinen Blick rundum. Nichts. Ein Rotkehlchen tickte warnend weit weg von mir. Kommt er? Nach kurzer Pause eine erneute Arie. Schon dringlicher. Schweigen. Schläft der Bock noch? Muss ich ihn wecken? Dafür ein Versuch mit laut gellendem Fiepen der bedrängten Geiß. Kein Schalengetrommel, kein heranstürmendes Keuchen. Nur von fern das Gehämmer eines Spechts. Und so still blieb es den ganzen Vormittag. Mittags wollte ich es nicht wieder versuchen, denn allzu oft da herumzugeistern – lieber am Abend. Aber auch da zeigte sich außer einem Fuchs kein rotes Haar.

Anderntags verzichtete ich auf den Morgenansitz; da wollte ich es doch besser am Mittag wagen. Es war brütend heiß geworden. Nach anfänglichen Regentagen, die ein wenig Abkühlung gebracht hatten, schickte der Sommer mit blitzblauem Himmel und Temperaturen von knapp dreißig Grad noch einmal seine ganze Glut. Im Wald roch's nach Schwammerln, die harzigen Latschen strömten in der wabernden Hitze würzige Düfte aus.

Herr und Hund machten sich's bequem an dem schattigen Platz. Über die Auflagestange hing ich ein leichtes Tarnnetz, das stets im Rucksack dabei ist. Und wieder ertönte nach einer Wartezeit das leise Rufen auf dem Buchenblatt. Dann, als sich nichts tat, probierte ich eine Serie weithin schallenden Angstgeschreis. Dringlich gellte es in die Stille des frühen Nachmittags. Pause. Warten! Nach einer Viertelstunde teilten sich die Latschen am Gegenhang – ein Hirsch. Voll verschlagen prahlte ein vielendiges Geweih. Den kannte ich. Es war der Sechzehnender, der heuer in die Klasse der Einserhirsche, der Zehnjährigen, gewachsen war. Doch der stand noch nicht im Plan. Weder für mich, noch für die Mitjäger. Der sollte noch weit älter werden. Aber er war nicht allein. Hinter ihm schob sich ein ebenfalls schon voll verschlagener Hirsch auf die Blöße vor den Latschen. Ein ungerader Kronenzehner. Auch den kannte ich. Und ihn, er mochte sein achtes Jahr vollendet haben, hatte ich heuer frei. Als ich das Glas von den Augen nahm, raunte mir der Versucher zu: „Nimm ihn dir, so leicht wird's später nimmer geh'n!" Doch der Büchslauf blieb angelehnt beiseite. Nein, der Bock war mir heute lieber. So einen werde ich hier wohl kaum wieder sehen.

Die Hirsche waren mir wohlbekannt. Vom Jagdhaus in der Birgsau, von unserem Frühstückstisch im Freien, konnten wir jeden Tag im Berghang unterm Wildegundkopf das große, etwa zwölf bis vierzehn Häupter zählende Feisthirschrudel beobachten. Dort standen sie ungestört hoch überm Tal, lagen wiederkäuend, sich mit den Lauschern der lästigen Fliegen und Bremsen erwehrend auf einer Blöße im saftigen Lahnergras. Es war dort hinauf wie ein Einblick ins Paradies. Jetzt hatten sich also die zwei schon ein wenig abgesondert. Ans Blatten war jetzt nicht mehr zu denken. Der Wind hier auf der Schattseite stand schon talab, so konnten die beiden nichts von mir bemerken. Lange schaute ich ihnen zu. Als sie sich nun auch noch in einer Entfernung von höchstens vierzig Metern niedertaten, war an eine Störung durch ein sich Fortstehlen, und sei es noch so leise, nicht zu denken. Mir wurde dennoch die Zeit nicht lang. Ich fühlte mich eingebunden in den paradiesischen Frieden mit den beiden, die ich ohne jägerische Absicht bewundern konnte.

Als der Bergwald sich allmählich im samtigen Dämmer des Abends zu verdunkeln begann, zogen sie weiter bergauf. Auch mich hielt es bald nicht mehr, nachdem eine letzte Blattarie ungehört, erfolglos verklungen war. Aber noch eine Beute, außer dem wunderbaren Erlebnis brachte ich heim. Einen ganzen Hut voll herrlicher Steinpilze, die meinen Abstieg immer wieder einhalten ließen. Sonderbar, beim Hinaufgehen war ich doch denselben Weg gegangen. Als hätten die Waldgeister sie mir erst jetzt hingestellt. Aber sicher ist das Jägerauge, wenn es um's Wild geht, ganz anders eingestellt, als wenn man entspannt heimwärts strebt.

Die Himbeeren, die wir mit flüssigem Rahm zum Abschluss unseres Nachtmahls genossen, waren voller Süße und verlangten nach Wiederholung. Dazu wollte meine Frau sich nächstentags in der „Brünst" der Beerenernte widmen.

Die „Brünst" – der Name kommt wohl daher, dass es dort früher einmal einen Waldbrand gegeben hatte – liegt genau auf der gegenüberliegenden Talseite, etwa eineinhalb Kilometer von meinem Ansitz entfernt. Diese beiden Orte trennt die zu Tal tosende Stillach und die Gabelung der Alpstraßen. Der weite, inzwischen total zugewachsene Schlag – bergwärts begrenzt von Felswänden –, im Geviert von einigen hundert Metern, ist ein beliebter Einstand für Rot- und Rehwild. An seinem Rand führt ein Steig zu einem Bodensitz auf einem Felsköpferl.

Als ich von meiner abermals ohne Anblick gebliebenen Frühpirsch zurückkam, hatte die Meinige einen großen Topf vollreifer Beeren mit heimgebracht. Und noch etwas hatte sie zu berichten.

„Ich bin ganz in meine Ernte versunken, da wird vor mir ein Bock hoch und geht flüchtig ab. Stark war er, enorm stark, gute Auslage und hoch hat er aufgehabt. Nur blitzsekundenkurz hab' ich ihn anschauen können, aber das war ein toller Anblick."

„So hol ihn dir!", war mein Rat. „Noch haben wir ein paar Böcke frei, die anderen Jäger sind nur noch ‚gamsig' und ‚hirschnarrisch'!"

Am Spätnachmittag setzte ich sie an der Talstraße, wo der Steig hinauf zur „Brünst" beginnt, ab. Ich dagegen stieg wieder hinauf zum Arbonte.

Wie immer bezog ich mit meinem Hund leise das Ansitzbankerl, hing mein Tarnnetz auf und begann nach der Wartezeit mit dem Blatten. Es dauerte nicht lange, da fegte ein brandroter Wildkörper aus dem Latschengewirr heran, stoppte, unsicher, woher der verlockende Ton kam, nur zwanzig Meter vor meinem Sitz und – war ein recht braver, dünnstangliger, zweijähriger Sechser. Verflixt! So einen wollte ich hier nun gar nicht sehen. Wenn der Starke an diesem Ort wirklich seinen Einstand hat, was tut dann so ein Grünspund hier? Unsicher fuhr sein Lecker über den Windfang. Seine Tollkirschenlichter äugten mich, ohne den Jäger zu erkennen, an. Dann drehte er enttäuscht um und verschwand im Geheimnis des Latschenmeeres. War ich hier wohl am richtigen Platz?

In mein Sinnieren hinein fiel drüben bei meiner Frau ein Schuss. Na, hoffentlich ist wenigstens sie erfolgreich! Da hatte ich keine Zweifel. Der Kugelschlag war deutlich zu hören. Ich konnte nun gemächlich absteigen und ihr beim Liefern helfen.

Voller Spannung näherte ich mich ihrem Ansitzplatz. Der war auf jenem, bereits beschriebnen, kleinen Felsköpferl. Doch er war leer. War sie schon beim erlegten Wild? Als ich von dort oben umherschaute, sah ich sie weiter droben im Schlag. Ich rief sie an und sie winkte mich, mit allen Zeichen der Aufregung, herbei. Die Spannung stieg. Bei ihr angelangt, erhob sie sich mit schweißig roten Händen. Das fertig aufgebrochene Reh lag, mit rückwärts ins Kraut gedrücktem Haupt am Boden.

„Und?“

„Da, schau halt selber nach!“

Als ich das Haupt des Bockes aus dem Farn hob, traf mich der Blitz des Erkennens. Es war der lang am verkehrten Platz Gesuchte. Ich fiel meiner Frau um den Hals. „Weidmannsheil, einen Besseren wirst du hier kaum schießen! Erzähl! Wie ist's zu'gangen?“

„Zu meinem Ansitzplatz bin ich, immer wieder eine Himbeere neben dem Steig zupfend, gemütlich hinaufgebummelt. Noch gar nicht lang bin ich gesessen, da hab' ich in dem Gewirr von Hirschholunder, Vogelbeeren, Erlen, Latschen und Himbeerstauden einen Wildkörper entdeckt. Kein Haupt zu sehen, der roten Decke nach, dachte ich, muss es ein Reh sein. Immer wieder war's verschwunden, ich konnte nicht erkennen, was es war. Auf einmal, da schnellt aus dem Staudenzeug ein Bockhaupt hoch. Da hat's mir fast den Atem verschlagen. Das war der vom Vortag! Das Gwichtl erschien mir wie ein Traumgebilde, noch viel stärker war er, als ich gestern gemeint hatte. Gleich bin ich in Anschlag gegangen, doch mehr war von ihm nicht zu sehen. Du kannst dir vorstellen, wie mir das Herz gepumpert hat. Der Mund ist mir ganz trocken geworden. Nie stand der Bock auch nur ein bissl frei. Über eine Stunde ging das Geduldsspiel. Mal war nur das Haupt zu sehen, dann nur der Spiegel, dann wieder nichts. Ich hab' bald nimmer gewusst, war er jetzt niedergetan oder hat er sich ungesehen davongestohlen? Das Glas hab' ich nicht mehr abgesetzt. Endlich, ich bin vor Spannung fast verrückt geworden, da ist er ziemlich weit oben im Schlag aufgetaucht. Grad nur das Blatt war in einer schmalen Lücke frei. Jetzt oder nie, hab' ich mir gedacht. Auf den Schuss war er im Bewuchs versunken."

Jetzt musste ich Farbe bekennen. „Weißt du, dass das der Bock ist, wegen dem ich mir seit Tagen den Hintern platt gesessen habe? Und du gehst himbeerzupfend durch den Wald und schießt so ‚en passant' einen solchen Superbock!"

Sie lachte: „Wen die Götter lieben."

Da konnte ich nun nicht anders und musste von Herzen mitlachen. Ich holte zwei Latschenbrüche, einen zog ich durch den Schweiß des Edlen. Den steckte sie auf ihren Hut, den anderen gab sie als letzten Bissen dem Erlegten in den Äser.

Wir hingen ihn zum Ausschweißen an eine Erle und konnten uns gar nicht sattsehen an der prächtigen Beute. Ich erzählte ihr von meiner ersten und einzigen Begegnung mit diesem Phantom und von meinem Plan mit der Überraschung. Doch dieser Schuss ist wohl voll nach hinten losgegangen. Später trugen wir den schweren Krampus gemeinsam zum Auto. Er wog, als er dann in der Wildkammer hing, 22 Kilogramm.

Das Rätsel war gelöst. Das wollten, ja das mussten wir gehörig feiern.

Im Dunkel der beginnenden Sommernacht saßen wir auf der Bank vorm Jagdhaus. Das Haupt des Starken lag latschenbekränzt vor uns. Ein glutheißer Wind von Süden harfte in sanften Böen in der alten Fichte neben dem Haus. Er brachte von weit, weit her Düfte des Südens, Düfte von Kräutern der Macchia und vom Meer. Diese Erscheinung gibt's in manchen Jahren. Wenn in

Nordafrika Wüstenstürme toben, dann blasen sie über die Alpen wie in einer Düse Sand in unser enges, nach Süden ausgerichtetes Tal. Im Winter war oftmals nach solchen Tagen der Schnee vom Sand der Sahara rötlich gefärbt.

Wir holten die handgeschliffenen Kelche aus dem Schrank, gossen zum besonderen Anlass eiskalten Champagner über eine Handvoll Himbeeren in die Kristallschalen.

Es war längst tiefdunkle Nacht geworden, da fielen über den Himmel wie stete Tropfen aus dem Weltall Sternschnuppen um Sternschnuppen – man nennt sie die „Tränen des Laurentius“.

Im Niederwildparadies

Drei, vier – sechs Rehböcke auf einmal habe ich in Anblick. Von den dazugehörenden Geißen ganz zu schweigen. Wo gibt's noch so etwas?

Meine Kanzel steht auf weiter Feldfläche, der Horizont scheint endlos. Im Burgenland, genauer im Revier Zurndorf-Süd, ist die Wild-Welt noch in Ordnung. Hier ist man nicht so hysterisch wildfeindlich wie in meiner bayrischen Heimat.

Der von unzähligen Windrädern ein wenig verstellte Blick geht zum fernen Leithagebirge im Westen. Im Nordosten erheben sich die Berge der Slowakei. Im weiten Umkreis von zig Kilometern ist es brettleben. Leise öffne ich die Plexiglasfenster, der pannonische Wind, der von Ungarn herüberweht, bläst die Hitze des Tages hinaus. Ganz in der Nähe sind zwei Jährlinge aufgetaucht. Gut haben sie auf. Ein alter Bock hat das Weite gesucht, als Bernd, mein Freund und lieber Gastgeber, mich an der Feldkanzel absetzte. Mit dem Spektiv kann ich die Böcke in aller Ruhe mustern. Keiner dabei für die Kugel. So kann ich mich ganz den Erinnerungen an herbstliche Jagdtage in diesem Paradies des Niederwilds hingeben.

Paradies, warum? Zum einen: Hier ist Trappen-Schongebiet. Das heißt, dass große Gebiete dieser Ebene Brachflächen bleiben. In biologischem Anbau gibt's Kukuruz, Weizen, Hirse, Erbsen, Kartoffeln und Rüben. Es werden also keine Gifte gespritzt. Das kommt nicht nur den großen Steppenvögeln zugute. In diesem Revier zählt ihr Bestand etwa 20 Stück. Zwei brütende Hennen wurden heuer sicher bestätigt. Im Winter schließen sich die etwa

300 Großtrappen der gesamten Umgebung auf den Feldern bei Deutsch-Jahrndorf zusammen.

Vom ca. 320 Häupter zählenden Rehbestand einmal abgesehen, gibt's hier wirklich Tausende von Hasen. Sie hocken nach einem Sonnentag auf den abendlich noch warmen Feldwegen, und fährt man nach dem Ansitz heim, so muss man arg acht geben, dass keiner überfahren wird. Ihre Jahresstrecke betrug im letzten Jahr 1.200 Stück. An Rebhühnern, deren Bestand ich grob auf weit über 2.000 schätze, werden jährlich etwa 1.000 erlegt. Wo immer sich in der Feldflur eine Deckung bietet, steht auch eine gedeckte Futterschütte für Fasan und Rebhuhn bereit. Die einheimischen Jäger, die als fleißige Jagdhelfer auch einen gewissen Anteil am Abschuss haben, sind wie der Teufel hinter der armen Seele, dem Raubwild und Raubzeug, hinterdrein. Im letzten Jahr konnten sie unter der Leitung des ausgezeichneten Berufsjägers Hans Wurm 1.150 Stück zur Strecke bringen. Der Wurm Hans pflegt bereits seit 30 Jahren das 2.760 Hektar große Jagdrevier. Es ist seine Lebensaufgabe, und man erkennt, wie sehr diesem burgenländischen Urgestein Revier und dessen Wild am Herzen liegen. Seiner untersetzten Figur sieht man die Dynamik an, die von diesem agilen Mann ausgeht. Den Jägeraugen, die unter buschigen Brauen falkengleich hervorspähen, entgeht so leicht nichts. Guten Dingen, wie Essen und Trinken, durchaus zugewandt, kann er jedoch auf der Jagd saugrob werden, wenn etwas zuwiderläuft. Der Versorgung des erlegten Wildes, diesem hochwertigen Nahrungsmittel, widmet er besondere Sorgfalt. Bei den anfallenden Wildmengen eine oft schwere Aufgabe, die einen echten Profi erfordert.

Die Jagdgenossen sind hoch motiviert, nicht nur durch pfleglichen Anbau den jagdlichen Wert ihres Grundeigentums zu erhalten. So war ich vor zwei Jahren Zeuge, als sich die Bauern an einem lang geplanten Jagdtag erfolgreich gegen eine Stör-Aktion von Jagdgegnern gewehrt haben. Mit ihren Traktoren blockierten sie den von weit her angereisten Jagdfeinden die Zufahrtswege.

Die hiesige Jagdgesellschaft hat zurzeit sechs Mitglieder. Jedes Jahr war ich zur Jagd eingeladen. An der Rebhendljagd nehmen immer nur acht Schützen teil. Fast ausnahmslos werden die Hühner getrieben. Kilometerlange, zwischen 15 bis 20 Meter breite Maisfelder, hier Kukuruz genannt, werden von zwei Seiten zur Mitte hin gedrückt. Dabei gehen auf jeder Seite der Deckung zwei Schützen aufeinander zu. Die Treiber rücken, ausgestattet mit einer kleinen Fahne, die über den Kukuruz ragt, ebenfalls der Mitte zu. Wegen des oft kräftig wehenden Windes werden fairerweise die Wegrichtungen der Schützen von Trieb zu Trieb gewechselt. Schüsse über den Kukuruz hinweg, auf die andere Seite, werden mit einem Straf-Obolus für die Jagdkasse geahndet. Genauso streng wird Fairness gegenüber dem Wild verlangt, das heißt, keine zu nahen Schüsse oder gar dem Nachbarn das Wild vor der Nase wegschießen. Je nach fortgeschrittener Jahreszeit werden auch Fasanen geschossen. Jeder Schütze geht wechselnd einmal voraus oder hinterher. Besonders bei dem kräftigen Wind, der hier konstant bläst (daher die vielen Windräder), sind die Hühner pfeilschnell und man muss recht flink sein. Vor allem ab Mitte Oktober, wenn auch die Spätbruten voll ausgewachsen sind, steilen die Rebhühner raketengleich hoch in den Wind und sind eine tolle Herausforderung für den Schützen. Nach jedem Trieb kommt wegen der oft großen Wärme im September/Oktober das Wild sofort ins Kühlhaus.

Ein besonderer jagdlicher Leckerbissen sind die Wachteln, die im Burgenland im September erlegt werden dürfen. Steht so ein kleiner pfeilschneller Vogel aus dem Mais auf, elektrisiert der Ruf „Wachtel – Wachtel!“ Jäger wie Treiber. Holt man mit schnellem Schuss eine herunter, strahlt die ganze Korona.

Zwei riesige Vögel, die mit klafternden Schwingenschlägen heranstreichen, reißen mich aus meinem Sinnen. Trappen! In 60 Metern Entfernung fallen sie auf einem keimenden Wildacker ein. Minutenlang sichern die majestätischen Vögel. Welch ein Anblick! Es ist zwar weit, doch mir gelingen ein paar seltene

Aufnahmen. Mit dem Glas verfolge ich ihren Weg. Vor ihnen hockt ein Turmfalk über einer geschlagenen Maus am Boden. Als die mächtigen Vögel sich nähern, macht er sich mantelnd größer und kriecht wie ein Angreifer auf sie zu. Ungerührt schreiten sie weiter und der kleine Greif muss seine Beute verlassen.

Noch mehr Böcke sind aus der Deckung aufgetaucht. Ein guter Sechser, noch jung, sucht mit einem Schmalreh die nahe gelegene Salzlecke auf. Gleich daneben ist ein Becken mit Wasser. Auch dies eine Hegemaßnahme für das Federwild. Den Mangel an Wasser behebt man mit solchen Mulden, die, überall im Revier verteilt, ständig aufgefüllt werden.

Überall hoppeln Hasen aller Größen, aller Altersgruppen. Aus den Rüben, aus den Wiesen, aus den Wildäckern, ringsumher sieht man ihre Löffel aus dem Kraut ragen. Sie jagen, ohrfeigen sich, schlagen Haken und sind wieder in der Deckung verschwunden. Wenn man sie zählen wollte, hätte man reichlich zu tun. Weit weg vor einem Windschutzgürtel stehen fünf Rehe. Mit dem Spektiv gerade noch zu erkennen – es sind drei Böcke dabei. Je später es wird, desto mehr Rehe tauchen ringsumher auf.

Die Hasen werden ausschließlich auf der „Böhmischen Streife“ geschossen. 20 Schützen erlegen dann an einem Jagdtag zwischen 300 und 400 Hasen. Je nach Wetterlage. Kein Revierteil wird im selben Jahr zweimal bejagt. Besonders ergiebige Jagdflächen werden im darauffolgenden Jahr nicht getrieben. Fällt der Besatz nach nächtlichen Hasenzählungen schlechter aus als erwartet, dann findet die letzte Hasenjagd nicht mehr statt.

Einen Jagdtag erlebte ich vor Jahren bei strengem Frost und unangenehm schneidendem Ostwind. Die Schützen mit Bockflinten hatten bei den plötzlichen Sturmböen echte Probleme. Die Angriffsfläche für die Windstöße ist, so unglaublich es klingen mag, entscheidend größer als bei einer Side-by-Side-Flinte. Ein Teil der Jäger wurde als Vorsteh-Schützen einige Kilometer vor der sich nähernden Schützenfront abgestellt. Ich

Auf zum frohen Jagen ...

Die Hasenstrecke

stand bei einem Trieb vor einem Erlen-Windschutzgürtel. Die Hasen „griffen“ regelrecht rudelweise an. Schießt man nach Möglichkeit die ersten zwei der heranhoppelnden Invasion, so spritzt die Phalanx der Nachrücker auseinander und zurück in den Trieb, und die anderen Schützen haben ihre Chance. So kann man, wenn die klammen Finger es gestatten, aus so einem Pulk vier oder mehrere Löffelmänner herausschießen. Am Ende des Triebes leuchteten um mich her mehr als 25 weiße Hasenbäuche und meine Patronentasche war leer. Zum Ende des Triebs konnte ich den pausenlos anlaufenden Hasen nur tatenlos, mit offener Flinte zuschauen und in Gedanken „bum-bum“ rufen.

Wichtig ist bei solchen Jagden eiserne Disziplin und genaue Einhaltung der Schussdistanz. Mein Freund Bernd, der Jagdleiter, demonstriert bei jeder Begrüßungsrede anhand eines in 25 Metern Entfernung eingeschlagenen Pfostens die weidgerechte Schussentfernung. Manch ein Schütze, der bei der anlaufenden, ungewohnten Wildmenge den Kopf verliert, ist versucht, mit der Flinte durch die Schützenlinie zu ziehen. Mir passierte es, dass mein Nachbarschütze, ein Fürst XY, mich mit prasselnden Schroten eindeckte. Nach dem Trieb musste ich ihm mit deutlichen Worten klarmachen, dass auch Nicht-Standesgenossen ganzjährig Schonzeit hätten. Geht man in der Schützenlinie, so wird es nicht gern gesehen, wenn man den spitz wegflüchtenden Hasen nachschießt. Die Schrotgarbe sitzt dann auf den Keulen, und wer mag gern auf Schrotkörndl beißen?

Zur Zeit der Hasenstreife sind die Felder leer und für den Fasan gibt's außer den kleinen Buschinseln wenig Deckung. Aber immer noch strabanzen einige Gockel außerhalb des Waldes draußen herum. Wenn so ein einzelner Hahn, turmhoch im Sturmwind, unbeschadet die Schützenkette defiliert und dann von meinem weit vorgezogenen Schuss sacktot in weitem Bogen herunterfällt, freut mich das mehr als alle erlegten Hasen.

Aus dem Weizen, 60 Meter vor mir ist ein geringer Spießer aufgetaucht. Grad' kleinfingerhoch sind seine hellen Stangerln. Der passst! Noch ist nur das Häuptl frei, doch bald, wenn er die Richtung einhält, wird er den Feldweg überqueren. Langsam bringe ich die Kipplaufbüchse in Position. Aber was hat er jetzt? Er äugt zurück. Au weh! Da kommt wie ein Ungewitter der gute Bock, der beim Herfahren abgesprungen ist, dahergefegt. Die wilde Jagd geht fort, fort, und bald sind beide unerreichbar in der Ferne verschwunden. Und ich hatte ihn schon in Gedanken im Rucksack! Die anderen Rehe äugen nur kurz der stürmischen Hatz nach und widmen sich dann wieder ihren Bio-Kräutern.

Das erlegte Wild wird zum Versorgen ins Jagdlagerhaus gebracht. Dort trifft sich nach dem Ansitz die Jägerei. Ein riesiger Kühlraum kann die oftmals gewaltige Menge an Strecke aufnehmen. Der Berufsjäger Wurm beäugt kritisch jeden erlegten Bock. Dann kommt das Ritual des Tottrinkens. Ist der Bock besonders gut, so muss zuerst für jede Stange ein Schnapsl getrunken werden. Ist es ein Starker – und hier wachsen wahre Kapitalböcke – so gibt's da noch eine Steigerung – pro Ende ein Schnapsl. Bernd hatte vor ein paar Tagen einen sehr guten Sechserbock erlegt. Wie er mir sagte, hat er dieses Ritual anderntags verflucht. Viele der einheimischen Jäger sind Weinbauern und Schnapsbrenner. Dadurch kommen diverse herrliche Brände zur Verkostung.

Langsam vergeht der Tag, die Dunkelheit sinkt herab. Mehrere Fasanen, Gockel und Hennen marschieren auf dem Weg zu einem kleinen Akaziengehölz, wo sie zur Nachtruhe aufbaumen werden.

Man kann nicht genau sagen, welche hier die Hauptwildart ist. Alle vier, Reh, Hase, Fasan und Rebhuhn haben generell den gleichen Stellenwert. Doch dem passionierten Flintenschützen bedeutet im Kreislauf des Jagdjahres der getriebene Fasan den Höhepunkt. Ein gewisser Teil ihrer Jahresstrecke von 2.000 Stück wird auf der Feldjagd erlegt. Die Krönung der Fasanjagd ist jedoch die „Waldjagd“. Von dem prachtvoll bunten Vogel geht ohne Zweifel ein ganz besonderer Reiz aus. Seit er vor zweieinhalbtausend Jahren in der Argonautensaga als ein am

Gestade des Schwarzen Meers, am Flusse „Phasos“ beheimateter Vogel erwähnt wurde – von den Römern deshalb „Phasianus“ genannt – fasziniert er als Jagdwild bis heute alle Jägergenerationen.

Im Südteil des Reviers erstreckt sich ein 160 Hektar großer Wald von Akazien und Eichen, unterbrochen von mehreren 30 Meter breiten, etwa 100 Meter langen Wiesenstücken und Wildäckern. An dieser Waldjagd auf Fasanen nehmen stets nur acht Schützen teil. Auf den Wiesen zwischen den Waldstücken sind nummerierte Stände, auf die zugetrieben wird. Die passionierten Jagdhelfer haben durchwegs exzellente Hunde. Für einen Hundemann wie mich, ist es ein ungetrübtes Vergnügen, ihrer Arbeit zuzuschauen. Praxis für Führer wie Hunde gibt's reichlich. Sie stehen im Rücken der Schützen, der Hund sitzt ruhig und aufmerksam dabei. Hasen sind bei der Waldjagd nicht frei, selbst die Hunde ignorieren sie. Sie wissen genau, hier geht's nur auf Flugwild. Jeder beschossene Fasan – die Experten sehen genau, ob er Schrot hat –, der nicht in Sichtweite fällt, wird sofort nachgesucht.

Ich hatte das große Glück, einige Waldjagden mitmachen zu dürfen. Die ersten Male verwirrte mich der gewaltige Anflug, bei dem sich beinahe der Himmel verdunkelte. Ich sah die Fasanen sich im Unterholz, an der Grenze zur Wiese, versammeln. Die Gockel ihrerseits sahen die wartenden Schützen und versuchten, sich so lange wie möglich zu drücken oder gar wieder nach rückwärts zu entfleuchen. Doch die Treiber rückten unaufhaltsam vor. Mein Herz klopfte vor Aufregung, solche Wildmengen war ich nicht gewohnt. Und dann brauste Wolke um Wolke empor, über mich hinweg. Die Flinten knallten, die Vögel fielen bei den Matadoren wie Steine vom Himmel. Doch ich verlor den Kopf. Anstatt mich auf einen bestimmten Vogel zu konzentrieren, stocherte ich hilflos mit der Flinte herum, fehlte schandbar und hatte am Ende des Triebs außer einem Berg von leeren Hülsen nur wenige Vögel hinter mir liegen. Das war eine schmerzliche Lehre, die ich in den nachfolgenden Jahren zum Glück wieder wettmachen konnte.

Ganz besonders spannend ist es, wenn ein Königsfasan im Trieb ist. Vor Jahren hatte man ein paar ausgesetzt. Einige Zeit wurden sie geschont und sie vermehrten sich. Nun ist es immer ein toller Anblick, wenn solch ein Vogel, mit einem oftmals anderthalb Meter langen Stoß, raketengleich über die Schützen streicht.

Selbst für den Zuschauer ist es ein Genuss, den Könnern zuzusehen, wie sie in aller Ruhe Dublette um Dublette ins Herbstgras fallen lassen. Unvergesslich war es, als mein überaus treffsicherer Nachbarschütze Fritz Sittinger nach einer solchen Serie einen Hahn doppelrohrig fehlte. Wir beide schauten dem hoch und schnell davonstreichenden Hahn lange nach, wie er auf eine einzeln stehende Akazie zustrich. Ich dachte gerade noch, „Ja Fritz, was hast denn jetzt g'laden in deiner Puschka?“, da knallte der Fasan in vollem Tempo an den Stamm. Also hatte er doch Schrot. Daraus sieht man, dass nach Möglichkeit dem vermeintlich gefehlten Wild lang nachgeschaut werden sollte.

Der Schüsseltrieb findet stets in der gemütlichen, stilvollen „Schnepfenhütte“ statt. Sie liegt versteckt im Wald. Vielleicht nicht versteckt genug, denn vor ein paar Jahren brannte sie, nach dem Vorfall mit den Jagdfeinden, völlig nieder. Ein Schelm, der Böses dabei denkt. Hier kommt meist Wild aus dem Revier auf den Tisch sowie die berühmten Kreszenzen der befreundeten Weinbauern.

Die Sonne ist schon einige Zeit hinter den Leithabergen untergegangen und auch der Wind hat sich zur Ruhe begeben. Das Schusslicht reicht grad noch ein wenig und ich überlege, ob ich schön langsam zusammenpacken sollte. Da stehen auf dem Feldweg plötzlich zwei Wildgestalten. Das Glas zeigt einen jungen Sechserbock, doch der andere, der hat nur kleine Spieße. Das ist der Rechte! Der Schuss auf den breit stehenden Jährling ist keine Kunst und im Knall der 243er liegt er erloschen auf dem Weg.

Schnell ist nun das Licht der Dunkelheit gewichen. Nur ein rosiger Streifen im Westen zieht sich über den Abendhimmel. In aller Ruhe kann ich meine „sieben Zwetschgen“ zusammensammeln. Bald sehe ich die Lichter von Bernds Toyota auf mich zukommen. Die Freude, dass ich zu Schuss gekommen bin, ist groß. Im Jagdhaus wird die Beute vom Jäger Wurm begutachtet und mit herzlichem Weidmannsheil werden die obligatorischen Schapsl gekippt. Zum Glück hat der Bock nur zwei Stangerl und keine sechs oder gar mehr Enden. Manchmal ist so ein endenarmer Bock gar nicht so verkehrt …

Kornmandl

Viele werden diesen Begriff nicht mehr kennen. Er war auch bereits zu der Zeit, als sich das Folgende ereignete, schon ziemlich selten. Noch bis weit über die Mitte des vergangenen Jahrhunderts stellte man die einzelnen Kornbündel vor dem Dreschen zum endgültigen Trocknen, wie ein Indianerzelt, gegeneinandergelehnt auf. Heutzutage ist die Ernte des Korns – Abmähen, Dreschen und Strohballenpressen – ein einziger Arbeitsgang. Außerdem wären die Halme des „modernen“ Korns viel zu kurz, um mit ihnen ein Zelt aufzustellen. Doch damals waren sie, speziell beim Roggen, oft so lang, dass sich sogar ein Stück Rotwild fast bis zur Rückenlinie darin verbergen konnte. Man brauchte das Stroh auch zur Einstreu und behandelte sein Vieh ein wenig anders als heute.

In meiner Niederwildjagd im Osten der oberbayrischen Kreisstadt Erding gab's nur noch einen Bauernhof, der Kornmandln aufstellte. Die Bauern dort waren auch die letzten, die die meisten landwirtschaftlichen Arbeiten noch mit der Kraft ihrer Rösser bewältigten. Den Traktor hatten sie nur zum Ackern. Der Dreiseithof „Kölling“ liegt auf einem kleinen Höhenzug im Westen des Reviers. Unterhalb, begrenzt von beidseitig ansteigendem Gelände, schlängelt sich träge in Mäandern die „Strogn“. Von Erlen umstandene Schilfwildnisse an ihrem Saum waren willkommene Deckung fürs Wild. Die Wiesen, die stellenweise bis zum Steilufer des Flüsschens reichten, waren im Frühsommer wie ein rosiges Meer von Schlangenwurz gefärbt. Pirole flöteten in den Bäumen, Enten brüteten im Schilf und die Fasanen hatten alles, was sie brauchten: Wald, Wasser, Weizen und dazu gute Deckung. Diese kauzigen Bauern lebten im

Einklang mit der Natur. Sie hatten, was sie zum Leben brauchten, ein Mehr war nicht erstrebenswert. Ein kleines Auto stand als Zugeständnis zur modernen Zeit in der Remise.

Es war immer ein Gewinn, wenn ich mich mit einem der beiden Bauern – es waren Brüder, so um die Siebzig – unterhalten konnte. Sie hatten bei aller Einfachheit so viel Lebensweisheit, dass mir bei einem Gespräch die Zeit nie lang wurde.

Eines Tag's, als ich vom Morgenansitz unterhalb des Hofes vorüberkam, traf ich einen der beiden. Ich konnte sie nur schwer auseinanderhalten. Sie waren knorrig wie alte Bäume und von der schweren Arbeit schon ein wenig gebeugt. Nur hatte der etwa zwei Jahre Jüngere, der „Boit“, der Name kommt von Balthasar, eines Tages eine deutlich sichtbare Zahnlücke. Das half mir hinfort bei der Unterscheidung.

Zwei Jahre vor dieser Begegnung traf ich ihn, als er gerade mit seinem alten Auto vorbeifuhr. Er lachte, als ich ihn fragte, wo er herkäme.

„Bei'n Dogder war i. Der hat mir a Medizin geb'n, de soit i auf'd Nacht noch'm Zähnputz'n ei'nema. Da hob i eam g'sogt, Sie san guat, i hob meiner Lebtag no nia net Zähn' putzt und i hob trotzdem no alle Zähn'. Drauf hot a mi o'gschaugt wiar a selt'ns Viech.“

„‚Sie sind ja ein medizinisches Wunder‘, hot a gmoant.“

Nun, nach diesem Zusammentreffen, zwei Jahre später, war er recht kleinlaut, denn inzwischen war sein Gebrech lückig geworden. Nix war's mit dem medizinischen Wunder.

„Du“, nuschelte er, „da hint bei der Grenz, wo inserne Kornmandln stengan, da hob i an ganz an narrisch guad'n Bog g'segn. Den wanns'd derwischst, mei Liaba, des is fei a ganz a b'sunderner!“

Das war ein heißer Tipp. Die Brüder kannten sich aus. Sie lebten mit und nicht gegen die Natur, und waren mit allen Tieren auf „Du“.

Wo das abgeerntete Feld mit den Kornmandln lag, gab's keine Möglichkeit für einen Hochstand. Weit unterhalb floss zwar die

Strogn mit hohen und alten Erlen, aber selbst wenn dort ein Hochstand gewesen wäre, bis hinauf zum Kornfeld wär's zu weit gewesen. Und oberhalb des Stoppelfeldes hinterm Horizont nach der Hügelkuppe lag bereits das Nachbarrevier. Da fielen mir die Kornmandln ein. Warum nicht da hineinkriechen? Es war ja drinnen wie in einem Zelt, der Hund hätte auch noch Platz.

Für den Abendansitz wählte ich eines dieser Mandln am nördlichen Rand des Feldes, da konnte mir der Wind nichts verderben. Der Überblick war auch nicht schlecht und so hoffte ich, dass, wenn der Bock käme, er schon irgendwo, irgendwann frei stehen würde. Als Untersaat unter das Getreide war Klee gesät. Der war bereits aufgegangen und lockte mit frischem Grün zur Äsung.

Schon am Nachmittag bereitete ich mir dort einen Ansitz. Die Garbenbündel meiner Ausguckseite stellte ich so weit auseinander, wie es die Statik meines „Häuschens" erlaubte. Gemütlich saßen Herr und Hund dann am Abend in gespannter Erwartung des „b'sundernen" Bocks. Hier drinnen war man wunderbar geborgen, umhüllt vom Brotduft in Stroh und von reifem Korn. Ein paar Ringeltauben fielen unweit auf den gebündelten Ähren ein. Der Ausblick ging über das Feld hin zum „Köllinger Holz". Das war ein Waldstück, das an die Nachbarjagd angrenzte. Verfilzter Bauernwald mit Himbeer- und Brombeerunterwuchs. Ein idealer Einstand für die Rehe, speziell wenn die Felder abgeerntet waren. Dort zog alle paar Jahre ein guter Bock seine Fährte, doch heuer hatte ich, vielleicht weil ich selten dort war, noch keinen besonderen da gesehen. Der Angekündigte musste demnach beim Nachbarn, mit dem wir übrigens ein gutes Verhältnis hatten, seinen Einstand haben.

Der Tag ging zur Neige, ein, zwei Hasen tauchten, Klee mümmelnd, auf. Ein paar Fasanen marschierten ihren Schlafbäumen zu. Und dann war's allmählich zu finster für einen Schuss geworden. Wir brachen auf. Ganz steif war ich, vom Hocken im Schneidersitz, ich bin halt kein Asiat, der das schon von Kindesbeinen an gewohnt ist. Irgendwo draufzusitzen ging nicht, denn dazu reichte die Höhe nicht aus.

Als wir unterhalb des Köllinger Hofes über die Strognbrücke fuhren, stand dort im Scheinwerferlicht eine über ihren Hakelstecken gebeugte Gestalt, eine alte Frau. Ganz in schwarz gehüllt, hatte sie ihr Kopftuch weit übers Gesicht gezogen. Es musste jene Alte sein, von der mir einer der Brüder erzählt hatte, von ihrer Feindschaft und Bosheit. Er sagte, sie würde bei Nacht wie eine „Hex“ um den Hof streichen und ihm den Tod herbeibeten. Warum das so wäre, damit wollte er nicht so recht herausrücken. Wenn Bauern nachbarschaftlich verfeindet sind, dann kann das oft über Generationen gehen. Sie wohnte im etwa eineinhalb Kilometer entfernten Ort Papferding, den niemand so nannte, der hieß allgemein „Bawaschding“. Von dort her sah ich sie oft, wenn ich vom Entenanstand unten an der Strogn zum oben am Weg abgestellten Auto heimging, auf der staubigen Feldstraße nach Kölling mit „tack, tack“ ihres groben Hakelsteckens dahintappen.

Am nächsten Morgen schlichen Herr und Hund über den taunassen Klee zu ihrer Strohhütte. Im Osten war bereits der erste Schimmer des neuen Tages zu ahnen. Vom Köllinger Holz her das Juchen der Käuze, unten im Wasser der Strogn schnatterte ein Schoof Enten. Allmählich verblassten die Sterne am wolkenlosen Himmel. Wohlig warm war’s in unserer winzigen Hütte. Im unweit gelegenen Hof erwachte der Sängerwettstreit zweier Hähne. Der eine krähte in Tenor, der andere in Bariton. So ging es endlos hin und her, keiner wollte nachgeben. So hörte ich ihnen zu – und über dem war ich plötzlich eingeschlafen. Als ich nach einiger Zeit erschrocken hochfuhr, war’s heller Tag geworden und zwischen den Kornmandln stand, vielleicht 60 Meter entfernt, ein Reh. Äste rasch und ruckartig, warf kurz auf und rupfte hastig wieder seine Kleeblätter. Ein Bock! Vorsichtig hob ich das Glas. Das war nicht der Gesuchte. Knapp luserhoch waren seine farblosen Spieße. Auf den ersten Blick sah ich: Ein Greis. Das Haupt total aschegrau, der Träger dünn wie bei einem Kitz, doch die Figur eckig, kantig. Die Rückenlinie senkte sich wie das Dach bei einem uralten Heustadl. Zeitlupenlangsam hob ich die Büchse. Noch stand er spitz zu mir her. Außerdem wollte ich warten, bis als Kugelfang ein Kornmandl hinter ihm steht. Das würde zwar nicht allzu viel nützen, aber besser als gar nichts. Dann stand er endlich passend und der Schuss warf ihn in den Klee.

Meine erfahrene Cita hatte längst alles mitbekommen und stupfte mich ungeduldig an. Was ich da aus dem jungen Klee hob, war der Urvater aller Böcke. Vorher und auch später habe ich nie ein so altes Reh erlegt. Das Gebiss war bis auf den Kieferknochen glatt abgeschliffen. Die Schneidezähne fehlten bereits. Sicher stand er weit in seinem zweiten Jahrzehnt. Das Gwichtl mit seinen porösen, endenlosen Stangen war bleich wie ein abgenagter Knochen. Die Stirnzapfen nur noch angedeutet und so umfangreich wie die Rosen. Mit einer Hand konnte ich den Alten, dem ich die Läufe zusammengebunden hatte, hinunter zur Strogn tragen. Dort brach ich ihn auf und hing ihn zum Ausschweißen an eine Erle. Wir haben ihm eine lange besinnliche Stunde gewidmet. Wo mochte er sich so lange unerkannt herumgedrückt haben? Wie viele seiner Gefährtinnen und Gefährten sah er dahinsinken?

Der bäuerliche Bruder „Girgl“, den ich auf der Heimfahrt traf, hatte den Schuss gehört.

„Host’n derwischt?“, fragte er neugierig.

„Den Guad’n zwar net, aber schau dir den amal an!“

Nachdenklich fuhr die rissige Bauernhand über den Grind des Bockes. „Ja mei, Bua, host doch so oid werd’n derfa, aber oamoi schlagt halt für an jed’n sei Stündl!“

Girgl blieb noch ein paar Sekunden sinnend stehen, dann drehte er sich wortlos um und schlurfte davon.

Daheim hing ich den Bock an die Waage, der Zeiger blieb bei 14 Kilogramm stehen.

Und noch eine Überraschung war zu entdecken. Als ich die Decke von seinem Haupt schärfte, traute ich kaum meinen Augen. Wie winzige Stifte ragten kleine Grandln beiderseitig aus seinem Oberkiefer. Daheim habe ich sie sorgfältig in einem der silbernen

Schnapsstamperl, die ich einmal als Jungjäger bei einem Schießen gewonnen hatte, aufbewahrt. Eines Tages, als ein Freund nach einem Schnaps verlangte, ließ ich ihn mit „such dir einen schönen Becher aus!“ sich selbst bedienen. Ich hatte im Moment nicht daran gedacht, dass in einem die Grandln drin waren. So wurden sie mit einem guten Enzian unwissentlich – schwupp – hinuntergespült.

Was ich da erlegt hatte, war keinesfalls der „b’sunderne“ Bock, den mir der „Boit“ beschrieben hatte. Wenn ich mir den noch holen wollte, musste ich dazutun. Das Wetter war warm, es blieb trocken und in ein paar Tagen wär’s vorbei mit meinen Kornmandln. Dann würde gedroschen werden.

Also saßen wir zwei am Abend wieder in unserem Strohhütterl. Wieder das gleiche Schauspiel mit den Hasen, den Fasanen und dem Entengequake. Diesmal besuchte uns jedoch noch ein Wiesel. Flink huschte es im Stangenwald der Stoppeln umher, fuhr mal in dieses, mal in jenes Mausloch und war urplötzlich wieder verschwunden. Bei noch bestem Büchsenlicht kam vom Horizont, vom Nachbarrevier her ein Reh. Gleich sah ich mit freiem Auge – ein Bock, der „B’sunderne“! Auch er äste hastig mit ruckartigem Aufwerfen. Auch ihm passte die freie Fläche nicht, aber auch ihn lockte der saftige Klee.

Hoch prahlte sein vom Fegen an Erlen dunkel gefärbtes Gehörn. Die blitzenden Hinterenden zackten fingerlang. Ein Prachtbock – aber, bevor noch das Jagdfieber meinen Puls hochheizen konnte, sah ich auf die kurze Entfernung auch ohne Glas – der ist zu jung! Höchstens drei Jahre gab ich ihm. Es hätte mir keine Freude gemacht – Grenze hin, Grenze her – den hoffnungsfrohen Jüngling zu meucheln. Ja, es wäre in meinen Augen ein Meucheln gewesen und immer hätte mich sein Gehörn daran erinnert. Hätte ich falsch angesprochen und ihn für einen alten Bock erlegt, das wäre etwas anderes gewesen. Aber bewusst einen Fehlabschuss zu machen, das hätte mich nie gefreut.

Was ich damals noch nicht ahnte, war das unrühmliche Ende dieses zukunftsfrohen Bockes. Ich habe es im Kapitel „Druckfehler“ in meinem Buch „All das ist Jagd“ erzählt.

Bald jedoch hatte der Bock genug vom Klee genascht und mit bockelnden Sprüngen – auch die zeigten auf ein jugendliches Alter – empfahl er sich zurück ins Nachbarrevier.

Ich bin dann in den nächsten Tagen zum Grill Lucki, meinem Jagdnachbarn, gefahren. Der Bock war ihm bisher unbekannt. Wir machten aus, dass der Starke noch gut zwei Jahre leben müsste. Wer ihn dann erbeuten würde, dem sollte er vergönnt sein.

Nachdem die Felder abgeerntet waren und ich oft im „Köllinger Holz“ ansaß, begegnete mir der nun mit Tabu belegte Bock noch einige Male. Hier fand er allerbeste Deckung.

Nachdem ich Sie in diese abgelegene Revierecke mit ihrem kleinen Waldstück entführt habe, möchte ich Ihnen von einer sonderbaren Duplizität erzählen, die sich hier ereignet hat.

Wir hatten einen Sitz auf der Westseite dieses Holzes. Vor einem lag eine Wiese, vielleicht 150 Meter im Geviert. Rechter Hand begrenzte sie eine von Brombeerstauden durchsetzte Fichtenanpflanzung. Da entdeckte ich bei einem Ansitz ein Rehhaupt, das mich von der Waldkante aus dem dichten Jungfichtenfilz direkt anäugte. Nur das Haupt war zu sehen. Unbeweglich, minutenlang, als hätte ein Schelm ein ausgestopftes Reh dort hingestellt. Mit dem Glas konnte ich nichts erkennen, was auf einen Bock hinwies. Es war bereits September, der Geißenabschuss hatte begonnen, also wartete ich, ob das Stück endlich auf die Wiese austreten würde. Es rührte sich jedoch nicht, nicht einmal die Lauscher spielten. Ich griff zum Spektiv. Da erkannte ich auf dem schon herbstlich verhärten Haupt ein winziges Gwichtl, wie ein etwas verkröpftes Knöpflergehörn. Also doch ein Bock! Im Moment, als ich das Spektiv weglegte, war die Erscheinung verschwunden. Den ganzen Abend wartete ich vergebens, dass er auf die Wiese ziehen würde.

Noch bei zwei weiteren Ansitzen erging es mir ebenso. Das Haupt, das mich unverwandt anäugte und dann plötzlich verschwand. Das war ein Wild, das schlauer war als ich. Also musste ich noch schlauer sein. Es war offensichtlich, dass der Bock das Motorgeräusch vor meiner Ankunft und das Besteigen des Hochstands erkannt und mit meiner finsteren Absicht in Verbindung gebracht hatte.

Am folgenden Abend ließ ich das Auto weit vorm Köllinger Holz, nahe beim Bauernhof stehen. Auf den Hochstand ging ich diesmal nicht. Gut gedeckt hockte ich mich am Waldrand nieder, der im rechten Winkel zur Fichtendickung, zum Einstand des Bockes, stand. Die Wiese war einige Zeit zuvor gemäht worden und das neue Gras stand noch recht niedrig. Als die Dämmerung die Farben erlöschen ließ, zog eine Geiß mit zwei Kitzen aus der Dickung. Langsam ästen sie sich auf Schrotschussentfernung an mir vorbei. Da stand plötzlich ein einzelnes Stück am Rand der Wiese. Das Glas zeigte wieder das eigenartige Knöpflergehörn. Ich hatte mir bereits einen Stock zum Anstreichen mitgebracht und als der Bock das Haupt hoch hatte und breit stand, brach der ruhig gezielte Schuss. Vom grellen Mündungsblitz überblendet sah ich jedoch das Stück aus dem Glas verschwinden. Aufblickend erkannte ich einen dunklen Klumpen auf der Fläche, einen weißen, gesträubten Spiegel.

Jetzt war ich gespannt. Geiß und Kitze waren fortgesprungen, ich konnte nun zu meinem Knopfbock gehen. Doch als ich ihn mir näher anschaute, glaubte ich, meinen Augen nicht trauen zu dürfen. Es war eine Geiß! Wie sich hernach herausstellte, eine ururalte Greisin. Sie war die älteste Geiß, die ich je erlegt hatte. Mit Sicherheit hatte sie die Mitte ihres zweiten Jahrzehnts schon überschritten. Der Unterkiefer war glatt, zwar noch lückenlos, aber auch bis zum Kieferknochen heruntergebissen. Die Schneidezähne hatte sie, bis auf einen, längst verloren. Im Wildbret war sie jedoch mit 16 Kilo für ihr hohes Alter noch recht gut beisammen. Das Gehörn war nicht höher als 4 cm und wie von einem dünnen Pelz überzogen. Wo bei anderen Geißen noch ein Gesäuge erkennbar ist, war bei ihr alles glatt.

Die Erlegungsorte dieser beiden Uraltstücke lagen keine 400 Meter auseinander. Sicher kein Zufall, sondern das Resultat von wenig beunruhigten Einständen. Doch zwei solch extrem alte Stücke im selben Jahr fast am selben Ort zu erlegen, das verdient schon eine Erwähnung.

Meinen Freunden, den Köllingbauern, wollte ich diese Rarität nicht vorenthalten. Als ich zum Hof hinauffuhr, hatten sie gerade die Stallarbeit beendet und wollten sich zum Abendessen niedersetzen. Auf der Resopal-Tischplatte stand ein dampfender, großer Topf mit Pellkartoffeln, daneben ein ebenso großer Topf mit unglaublich fettem, gekochtem Schweinefleisch. Mitten auf dem Tisch, wie hingekippt, ein kleiner Berg Salz. Nachdem das Tischgebet gesprochen war, spießte sich jeder ein Trumm Fleisch aus dem Topf, säbelte sich ein Stück ab, stupfte es in den Salzhaufen und aß. Genauso machten sie es mit den Kartoffeln. Ich war froh, dass ich die Einladung zum Mithalten wegen eigener häuslicher Pflichten abgelehnt hatte. Doch man nahm mir das Versprechen ab, übermorgen wiederzukommen. Sie wollten ihren kleinen Weiher, der unterhalb des Hofs liegt, abfischen und mir als Gegengabe für die Rehleber – sie hatten eingangs danach gefragt – einen der fetten Karpfen schenken.

Als wir nach ein paar Tagen den Karpfen „blau“ zubereiten wollten, mussten wir sämtliche Fenster öffnen. Es roch, oder eher, es stank, als hätten wir mit Odel gekocht. Was wir nicht bedacht hatten, war, dass der kleine Fischweiher unterhalb des Misthaufens lag. Da sickerte in ständigem Strom genug „Aroma“ hinein, das sich im Fleisch der Karpfen festsetzte. Sicher hätten wir den Fisch ein paar Wochen oder gar Monate in klarem Wasser halten müssen. Aber wer ahnt schon so was. Wer weiß, ob nicht die Uralt-Leber den gleichen Weg wie der Karpfen gegangen ist.

Ich habe, nachdem ich das Revier einige Jahre später durch die Intrige meines anderen Jagdnachbarn verloren hatte, die Köllinger nicht wiedergesehen. Einige Male bin ich in Zeiten danach durch den östlichen Teil des Reviers gefahren. Es war kaum wiederzuerkennen. Alle Windschutzstreifen waren gerodet, alle kleinen, von Busch und Baum umstandenen Weiher zugeschüttet. Dafür Mais, Mais, Mais, so weit das Auge reicht. Kein Rain, kein Feldgehölz, kein verschilfter Graben, dafür mittendrin eine weithin pestilenzartig stinkende Hühnerfarm. Ich wollte das einst so ursprüngliche Kleinod Kölling nicht so verändert wiedersehen.

Doch zurück. Der Rehbock-Greis war nicht unbemerkt zu solch hohen Jahren gekommen. Er hatte einen Freund, der an seinem Schicksal Anteil nahm.

Auf der Hegeschau im Jahr nach der Erlegung traf ich meinen Jagdnachbarn, den Grill Lucki, vor der Gehörnwand, an der auch die Böcke meines Reviers hingen. Er deutete auf das bescheidene Altersgehörn, auf dessen Stirn ich mit Gotischen Buchstaben „Kölling" hingetuscht hatte.

„Den kenn' ich", sagte er „der war jahrelang im Spätwinter, wenn's nochmals viel Schnee hergeworfen hatte, in unserem Obstgarten. Da hab' ich ihm oft ein Schüppel Heu hingelegt. In manchen Jahren blieb er aus, aber im Jahr darauf war er wieder da. Jetzt hab' ich schon gemeint, der Winter hat ihn endgültig dahingerafft. Es freut mich, dass Du ihn erlegt hast und er nicht in Eis und Schnee zugrunde gegangen ist."

Vom Schlitzohr zum Schlappohr

Das edle Weidwerk wird sicher nicht zugrunde gehen, wenn ich hier von Ohren und nicht von Lauschern rede. Ich kann auch nichts dafür – die beiden hießen halt so.

Zur Blattzeit Anfang August war ich wie in jedem Jahr bei meinem Freund Friedl im Murnauer Moos. Inzwischen wusste er, welche Plätze ich besonders liebte, und ließ mir freie Wahl. Nur diesmal wollte er mich von einer gewissen Revierecke fernhalten, denn da vermutete er einen lange vergeblich gejagten Hirsch, das „Schlappohr". Diesen Namen trug er seit einigen Jahren, denn sein rechter Lauscher (jetzt sehen Sie, dass ich die Weidmannssprache beherrsche) hing traurig von seinem edlen Haupt. Sicher hatte ihm bei einem Brunftkampf ein Rivale eine entsprechende Wunde zugefügt. Stolz zeigte mir der Freund die Abwürfe der letzten Jahre. Wahrlich, ein begehrenswerter alter und starker Vierzehnender.

Während ich mich nach einem Bock umschaute, wollte der Freund sich um den Hirsch kümmern. Als ich vom Abendansitz zurückkam, platzte eine elektrisierende Nachricht herein: Das Schlappohr war eindeutig sicher mithilfe einer Wildkamera bestätigt worden.

In der westlichen Revierecke hatte ein am Ortsrand wohnender Jagdhelfer am Gartenzaun seines Anwesens, hinter dem das Moos beginnt, seit Jahren eine Futterkrippe. In dem Jahr hatte er sie mit Fallobst beschickt und eine Wildkamera angebracht. Gerade hatte er die Bilder ausgewertet und siehe da, es war außer etlichen Rehen auch das Schlappohr dort zu Besuch. Ganz deutlich war er an seinem herabhängenden Lauscher zu erkennen.

Und zwar kam er stets etwa um 21:15 Uhr. Also gerade noch beim allerletzten Büchsenlicht.

Bereits am selben Tag wurde zwischen Einstand und Futterraufe in gebührendem Abstand ein Bodensitz errichtet. Dort wollte sich Friedl am selben Abend ansetzen und den nun sicher bestätigten Hirsch beim Anwechseln erlegen. Unter den Jagdhelfern im großen Revier ging die frohe Kunde wie ein Lauffeuer herum. Sie berieten bereits, wo die Hirschfeier nach Erlegen und Liefern des Edlen stattfinden solle. Friedl und mir grauste es allerdings bei dem Gedanken, das „Fell des Bären" bereits jetzt schon zu verteilen. Doch die zeitgleichen Bilder auf der Wildkamera an sämtlichen Abenden zuvor konnten ja nicht lügen. In der Früh' wollte er's dort nicht probieren, lieber die sichere Stunde am nächsten Abend nutzen.

Mich jedoch zog's anderntags im Morgengrauen zu meinem Lieblingssitz am Froschweiher am Erlengraben. Am Tag zuvor hatte es ein wenig geregnet, aber die Nacht war trocken geblieben. Kleine Seen seidenweißen Nebels schwebten noch über den Senken. Durchs taunasse Gras, in Deckung der Erlen, schlich ich zum Hochstand. Im Dämmerlicht draußen in den Wiesen schemenhafte Rehgestalten. Das Glas zeigte Geiß und zwei Kitze. Im Augenwinkel erhaschte mein Blick einen Bock, der sich zum Moosrand hin verdrückte. Ich schaute zu, dass ich auf meinen Sitz kam.

Vor meinem Auslug lag das Moos unter sich langsam auflösenden Schleiern des Morgennebels. Das war bei der heutigen Wetterlage ein Glück. Oftmals plagt sich hier die Morgensonne mit der Waschküche der Moorhexen bis in die späten Vormittagsstunden. Nach kurzem Warten wollte ich es mit dem Blatten probieren. Erst zaghaft angefragt. Das Glas suchte in der Runde. Jetzt ein wenig lauter geblattet. Da, von rechts her eine Wildgestalt im hohen Riedgras. Ein Bock. In einer freien Lücke wollte ich ihn mit erneutem Fiepen anhalten. Keine Reaktion. Meine Blattkünste waren ihm total egal. War er schon so abgebrunftet? Auf knapp 80 Meter zog er an mir vorbei. Doch schnell war ich mir sicher, der Bock ist alt und zudem gar nicht schlecht. Als er verhoffte, schoss ich, trotz davorstehenden Schilfhalmen. Nach kurzer Flucht war er in Ried und Rohr verschwunden. Aufatmen. Zeit lassen. Nun musste ich mir genauestens merken, wo er hingesunken war. In der Verlängerung von diesem Punkt peilte ich eine weit im Hintergrund stehende, krüppelige Moorfichte an. In der Linie würde ich ihn finden. Wer das nicht beachtet, sucht stundenlang vergebens, bis er mit viel Glück über den in einem Moorloch Liegenden stolpert. Es sei denn, er hat einen Hund. Nach der von Erwartung angespannten Wartezeit suchte ich mir meinen Weg über die tückischen Schroppen und Moorlöcher. Hier bei dieser Fichte verschwand er aus meinem Blick. Noch zwei, drei Schritte weiter – und da lag er, hingebettet zwischen die Moorgrasbülten, die hier Schroppen heißen. Weit gestelltes, vom Fegen der Erlen dunkles Sechsergehörn. Ein echter Moosbock. Der wohl Sechsjährige war tatsächlich total abgebrunftet; kein Wunder, dass er auf meine sonst so verführerischen Blattkünste nicht mehr reagieren wollte.

Friedl freute sich über meinen schnellen Erfolg. Den Bock kannte er bereits und hatte ihn mir auch längst im Stillen zugedacht. Mit viel Feingefühl überließ er mir immer die Suche nach einem passenden Bock. Nur ganz vage Andeutungen lässt er immer hören. Er weiß, wie wenig mich ein „bereits angebundenes“ Wild reizt. Die Sache sollte spannender sein und ich sollte mir mein Wild selbst ausmachen.

Als der Abend näher rückte, wurde es dann richtig spannend. Von vielen guten Wünschen begleitet, bezog der Freund seinen Bodensitz. Ich jedoch verdrückte mich in eine entfernte Reviерecke, von der aus mein eventueller Schuss dem Hirschjäger nichts verderben konnte. Als zu später Stunde das Büchsenlicht langsam erlosch, sperrte ich meine Lauscher extra weit auf. Jetzt musste es jeden Moment bei Friedl knallen. Hatte ich's überhört? Nein, es blieb still, es herrschte Schweigen in Moos und Wald. Und so still war es am nächsten Abend, dem übernächsten, die ganze Woche. Ich reiste wieder ab, bat aber den Freund, mich sofort nach der Erlegung anzurufen. Doch auch das Telefon schwieg sich aus. Wie sehr hätte ich Friedl diesen Hirsch vergönnt. Was war da los? Auf den neuen Fotos war aber der Hirsch wieder an jedem Abend zu sehen. War es ein Phantom, das den Jäger narrte?

Des Rätsels Lösung war wie ein schlechter Witz. Die Uhrzeit auf der Kamera war falsch eingestellt. In Wirklichkeit kam das Schlappohr erst in finsterer Nacht, eine Stunde später. Seine Schutzgeister hielten den ganzen Herbst, selbst in der Brunft, die Hand über ihn und so könnte im nächsten Jahr die Geschichte vom Schlappohr eine Fortsetzung bekommen.

Szenenwechsel. Gehen wir auf dem Kalender ein paar Monate zurück. Ins Burgenland in den Hanság. Freund Bernd hatte mich eingeladen, Böcke seien genug da, noch mehr aber gäbe es heuer Mücken. Gelsen heißen sie dort oder besser „Göös'n". Dringend riet er mir daher, eine „Göös'nhaube" mitzubringen. Sonst würden sie mich glatt auffressen. Das klang dramatisch. Tatsächlich war in dem Jahr dort der Grundwasserstand weit höher als sonst und bot somit reichliche Brutstätten für die Plagegeister. Also packte ich einen Mückenschleier in den Rucksack und, was noch wichtiger war, das tolle „Frauenkirchener Gelsenschutzmittel". Das hatte mir bereits in den Jahren zuvor, die auch nicht gerade insektenfrei waren, ungestörte Ansitze bewahrt. Bei Freunden hatte es sich sogar in Afrika hervorragend bewährt, wo die Urwald-Göös'n noch ganz anders drauf sind.

Das zauberhafte Revier in einer flachen Niedermoorlandschaft mit Auwald, Buschwildnis, dicht eingewachsenen Abzugsgräben, verfilzten Birkenwäldchen und wilden Mischwäldern grenzt direkt an Ungarn. Diesseits und vor allem jenseits des mit weißen Pfosten markierten Grenzverlaufs bietet eine wahre Wildnis reichlich ruhige Einstände. Rot-, Schwarz- und Rehwild zieht hier seine Fährte. Daneben Hasen, Fasanen, Enten und eine Vogelwelt, wie man sie in solcher Vielfalt kaum noch kennt. Rehe dürfen hier leben, hier haben wildfeindliche „Holzfüchse" nicht das Sagen, hier gibt's keinen Forst, nur zwischen den Windschutzgürteln und kleinen Mischwaldstücken eingestreute landwirtschaftliche Flächen auf schwarzem, fettem Moorboden.

Der Jagdherr ist stolz auf seinen gepflegten Wildstand, jedoch nicht so übertrieben, wie ich es einst als junger Jäger anlässlich einer VGP einmal erlebte. Der Jagdpächter, der alte Obermeier, fragte stolz am Abend nach der Prüfung die Teilnehmer: „Habt's meine Reh' gsegn? Schene fette Reh', grad schwappeln teans vor lauter Fett'n."

Ich kenne mich inzwischen gut in dem großen Revier aus. Mit einer großzügigen Handbewegung öffnet mir der Freund alle Möglichkeiten für meine Rehbockjagerei: „Du hast freie Wahl." Einen Tipp gibt er mir mit auf den Weg: „An der Kanzel bei der Erlenschonung, da haben meine Jagdhelfer einen interessanten Bock gesehen. Schau dich da mal um! Und noch etwas: Am östlichen Ende des Reviers, links von den Wassertümpeln geht ein wilder ‚Feger' um. Die frisch gepflanzten Pappeln hat er schon arg zerschunden."

Nun, jetzt habe ich schon zwei interessante Aufgaben. Als Erstes werde ich mich mal um den „Feger" kümmern.

Ganz hinten, am Ende des Reviers, steht in einer Pappelschonung ein kleiner Sitz. Offen wie ein Drückjagdstand. Es ist später Nachmittag, der Westwind bringt dunkle Wolken, ab und zu fällt schon klatschend ein Tropfen auf die Windschutzscheibe. Weit vor dem Ansitz lasse ich mein Auto stehen, schmiere mir das Mückenmittel auf die freien Hautflächen. Ja, wo sind sie denn? Hat der aufkommende Wind sie vertrieben? Nun, ich vermisse sie nicht. Hat der Freund wohl übertrieben? Ein Blick zum Himmel verheißt nichts Gutes. Als ich bei meinem Sitz angekommen bin, öffnen die Wolken ihre Schleusen. Dieser Hochsitz hat kein Dach, also im Eilmarsch zurück zum Waldrand, dort steht eine ganz romantische Kanzel, sie heißt „Philipp", da darf's regnen, was die Wolken hergeben.

Endlich angekommen. Abgesehen von der langen Anreise von fast über 500 Kilometern vergeht doch einige Zeit, bis ich hier in

Friedl mit Abwurfstangen vom Schlappohr

Der Murnauer Moosbock

Friedls Bodenkanzel: Wie muss er kommen ...

meinem Holzkistl zur Ruhe kommen kann. Ganz gleich, was jetzt noch passiert, hier kann ich meinen Gedanken nachhängen. Die Plexiglas-Fenster stelle ich hoch, die Abendluft strömt herein. Vor und hinter mir urwaldähnlicher, dicht verfilzter Bestand von Eichen, Pappeln, Weiden. Geradeaus in meinem Blickfeld führt eine schmale Schneise mit hohen Gräsern, durchsetzt mit Schilfstängeln an einem verfallenen Kulturzaun entlang. Links geht der Blick hinaus auf ein kleines Weizenfeld – eingerahmt von Weidenbüschen und weiter hinaus in die Felder der Ebene. Nach einer halben Stunde zieht eine hochträchtige Geiß von den Äckern herein, verhofft kurze Zeit auf dem Weg, sodass ich ein paar stimmungsvolle Fotos machen kann. Und langsam zieht sie weiter hinein in den Urwald. Sicher wird sie bald setzen.

Die Sonne nähert sich dem Horizont, der Regen hat aufgehört und jetzt erwachen die Gelsen. Ganze Wolken strömen durch die Fenster in die Kanzel. Jetzt muss ich für meinen stillen Spott büßen. Es sirrt und singt stechendfein in tausendstimmigem Chor um meine Ohren. Es sticht mich, dank meiner „Salbung“ zwar keine, doch muss ich ganz flach atmen, dass mir keine in die Nase gerät. Also krame ich die „Göösnhaube“ aus dem Rucksack. Aber das ist keine Lösung. Jetzt in der Dämmerung verfinstert mir das Netz auch noch das letzte, schwindende Licht.

Während ich mit meinen Quälgeistern beschäftigt bin, zieht direkt neben meiner Kanzel ein Reh über den Weg, spitz von mir fort, der Grasschneise entlang. Ein Bock! Ein starker Bock! Von rückwärts angeschaut, wirkt das Gwichtl direkt kapital. Aber wie alt mag er sein? In dem hohen Bewuchs ist seine Figur kaum zu sehen, nur das Haupt ist hin und wieder frei und prahlt mit pulsbeschleunigender Stärke. An ein Schießen ist nicht zu denken, er ist nicht genau anzusprechen, noch dazu zeigt er sich nur spitz von hinten. Nach einigen Minuten ist er im Dschungel und Dunkel der herabsinkenden Nacht verschwunden.

Noch ein wenig will ich sitzen bleiben. Als ich zusammengepackt habe und zum Auto wandere, begleiten mich die urweltlichen Rufe eines Uhus.

Wieder zurück im heimeligen Jagdhaus berichte ich Bernd von meiner Begegnung. Diesen Bock kennt er. Er schätzt ihn auf drei Jahre.

Wo werde ich morgen früh hingehen? Bernd rät zu einem niedrigen Sitz, den ich am Wegrand auf der Fahrt zum „Philipp" gesehen habe. Dort geht so einiges, aber da hat heuer noch niemand gesessen.

Wie immer schlafe ich schlecht in den ersten Nächten vor der Jagd. Um Mitternacht ruft der Kuckuck ohne Unterlass. Noch im Dunkeln bin ich wieder unterwegs. Es ist sternklar und wolkenlos. Langsam muss ich fahren, überall auf den Wegen hocken unzählige Hasen, denen das Gras wohl noch zu nass ist. Die Scheinwerfer lassen in den Feldern und Wegstreifen reflektierende Lichter der Rehe aufleuchten. Gut „antigelsig" eingeschmiert tappe ich zu meinem Sitz. Auch dieser ist niedrig, ohne Dach, wie ein Drückjagdbock. Ringsum ist er mit einem Netz verblendet, sodass ich nicht allzu frei dasitze. Von überall her ruft längst der Kuckuck. Im schläfrigen Morgendämmern beginnt nun ein wie noch traumgefangener Vogelsang. Das erste ist wie immer das Rotkehlchen und dann fallen die Amseln in den Chor ein. Die Turteltauben beginnen zu schnurren und pausenlos flötet der Pirol sein „vogelvonbülow". Das Mückennetz kann ich weglassen, das Gelsenschutzmittel macht seinem Namen alle Ehre. Blutgierig umsirren sie mich, halten jedoch respektvollen Abstand.

In meinem Rücken, vor einem breiten Windschutzgürtel eine große Brachfläche mit Schilf, Weiden und Goldrute. Vor mir ein kniehohes Gerstenfeld, dahinter wieder ein Windschutzgürtel und jenseits davon Kornfelder. Auf dem Wegrand steht unvermittelt, wie hingezaubert, ein Stuck. Hochträchtig und wie die Geiß vom Vorabend kurz vor dem Setzen. Langsam zieht es in die Wiese links vom Weg und beginnt zu äsen. Der Teichrohrsänger ist erwacht und unterhält mich mit geschwätzigem „karre-karre-kiek-kiek".

Der Tag hat nun die Nacht besiegt. Der Morgendunst hockt noch in den Wiesensenken. Die Spinnweben zwischen den hohen

Stängeln funkeln wie Millionen Diamanten. An der gegenüberliegenden Baum- und Strauchzeile taucht eine Rehgestalt auf und zieht weiter her, ebenfalls der Wiese zu, wo das Alttier steht. Spektiv heraus! Fingerkurze, irgendwie undefinierbar verästelte Stangen hat er auf seinem ergrauten Häuptl. Auch der Figur nach muss es ein alter Bock sein. Der passt! Als er kurz verhofft, ist die Kugel draußen. Noch bis zu den Goldruten schafft er es, verschwindet darin, doch gleich darauf sehe ich die Gerten an einer Stelle wackeln und verebbend stille stehen.

Das Stuck ist abgesprungen. Noch eine Viertelstunde will ich mich gedulden. Als ich ihn, lang hingestreckt, im Bewuchs finde, traue ich meinen Augen nicht. Ein dichter grauer Pelz bedeckt seinen ganzen Körper. Gelsen! Dicht an dicht! So etwas habe ich noch nie gesehen. Solange sein Blut warm ist, holen die Insekten noch aus ihm heraus, was geht. Ich trage ihn zum Weg zurück, bin eingehüllt in eine Wolke der wie toll gewordenen Insekten. Sein Gehörn ist abenteuerlich. Nur fingerhoch, aber mit breiten Rosen und geperlt bis in die zum ungeraden Zehner verästelten kleinen Enden. Da ertrage ich gerne alle Qualen, die sich nun beim Aufbrechen trotz der feinsten Mittelchen nicht mehr vermeiden lassen. Meine Hände und Arme sind schnell ebenfalls grau von Gelsen. Nun aber ab und zurück in Bernds Kühlhaus und schleunigst die Türe hinter mir zugemacht.

Ich klopfe den Freund aus dem Bett und der Morgen beginnt, besser gesagt, er nimmt einen fröhlichen, festlichen Verlauf. Der Bock mit seinem total glatt heruntergeschliffenen Gebiss war völlig unbekannt. Kein Wunder bei den vielen, ruhigen Einständen.

Der Vormittag vergeht mit Herrichten der kleinen, seltenen Trophäe. Im Schatten eines Walnussbaums hole ich die versäumten Schlafstunden nach. Direkt hinter meinem Liegestuhl krächzt plötzlich ein Fasanhahn mit Schwingengepurr seinen Balzruf in meinen Traum. Wie von der berühmten Tarantel gestochen, fahre ich hoch. Drei Hasen hocken mümmelnd ganz nah auf der Wiese, als hätten sie meinen Schlaf bewacht. „Warte nur, du rücksichtsloser Gockel!“, denke ich, „im Herbst komm’ ich wieder!“

Murnauer Moos

Der „ungerade Zehner“

Philipp – der romantische Platz

Geschlitzt auf beiden Lauschern

Bevor's Zeit wird für den Abendansitz mache ich mit Máté, dem ungarischen Faktotum, eine kleine Rundfahrt. Zum Beschicken der Luderplätze und der Kirrungen für die Sauen. Dabei entdecken wir ein apathisches Schmalreh mit total verschmutztem Spiegel. Mit einem erlösenden Schuss ist es dahingesunken. Für den Luderplatz ist es zu riskant, drum bestatten wir es umgehend.

Der Abend sieht mich nun endlich auf der Kanzel an der Erlenschonung. Am Hinweg liegt eine Blindschleiche auf dem sonnenwarmen Weg. Den von den Mitjägern entdeckten Bock möchte ich mir nun näher anschauen. Vor mir erstreckt sich ein großes Weizenfeld, rechts davon führt der Weg direkt an der ungarischen Grenze entlang, hinter der eine Busch- und Baumwildnis beginnt. Rückseitig ein Brachfeld, hinter dem sich wieder Getreidefelder ausdehnen. Auf dem Weg zur Kanzel immer wieder Fasanen – Gockel, Hennen – und Hasen, Hasen, Hasen. In der Ferne tauchen aus dem Bewuchs Häupter von Rehen auf. Geißen, Geißen, junge Böcke. Vor und hinter mir bleibt die Bühne rehleer.

Langsam ist die Sonne hinter den uralten Weiden am Wegrand versunken. Die Schatten haben ihre Konturen verloren, der Tag vergeht in sinkende Dunkelheit. Im Dach der Kanzel ein krabbelndes Geräusch und schon schwingt sich eine Fledermaus in die Nacht hinaus. Von jenseits der Grenze ruft wieder ein Uhu. Eine Zeit lang will ich ihm noch zuhören. Dann packe ich mein Zauberzeug zusammen. Da höre ich plötzlich ein schleifendes Geräusch. Wie wenn ein Wild durchs Getreide zieht. Ganz nah zeichnet sich der Umriss eines Rehs ab. Ja, es muss ein Reh sein und keine Sau. Doch ein Ansprechen, selbst mit meinem guten Glas, ist unmöglich. Ein Bock, jetzt erkenne ich vor hellerem Hintergrund ein Gehörn. Ich muss ihn ziehen lassen, Ansprechen unmöglich. Jetzt aber heißt es, noch eine gute Weile warten, warten, bis er weit genug fortgezogen ist, denn morgen früh, so hoffe ich, könnte er ja wiederkommen.

Die Nacht wird gnadenlos kurz. Wie das im Juni so ist. Den Schlaf kann ich ja untertags nachholen – wenn mich nicht abermals ein Fasangockel aus den Träumen reißt. Für die entgangene Nachtruhe entschädigt mich wieder die festliche Eröffnung des Tages durch die Vogelwelt. Die Rehe in der Ferne sind auch schon auf den Läufen, fünf, sechs Häupter kann ich ausmachen. Ich bin noch ganz vertieft in meine Betrachtung durchs Spektiv, da erhascht mein Auge einen Schatten von der Grenze her. Ein Bock! Der von gestern Abend? Ganz egal. Schon habe ich ihn in den Linsen. Nur das Haupt und der Trägeransatz ragen übers Korn. Langsam zieht er quer an meinem Sitz vorbei. Das Gehörn ist hoch, weit ausgelegt, kurze Enden, das Haupt grau, der Träger breit. Jäger, was zögerst du? Aber er ist immer im hohen Korn verdeckt. Da traue ich der 243er doch nicht so recht, da muss er frei stehen. Gras mag die schnelle Kugel gar nicht. Endlich kommt er an eine Stelle, wo Regen und Sturm den Weizen niedergedrückt haben – da wirft ihn der Schuss in die Halme.

Ich trage ihn zum Weg heraus und hole mir von einer Erle die Brüche. Als ich ihn jetzt voller Erlegerfreude näher betrachte, entdecke ich, dass beide Lauscher gleichmäßig bis zum Ansatz geschlitzt sind. Wie ist so etwas möglich? Es kann gut sein, dass ein Reh sich im Stacheldraht mal verletzt, doch beide Luser? Und genau in der Mitte geschlitzt. War er wohl als Kitz in Menschenhand geraten und wurde so gezeichnet? Jenseits der Grenze wohnt weit und breit keine Menschenseele. Und diesseits gibt's nur das Jagdhaus mit den unbewohnten Gutsgebäuden.

Die Wildbahn wird immer ihre Geheimnisse haben. Es ist gut, dass sie uns nicht alles preisgibt. Denn dann – wie traurig – würde unsere Fantasie verkümmern.

Bernd war auch erfolgreich gewesen und gerade mit einem frisch erlegten, geringen Spießer im Kühlhaus zugange. Als er meinen Bock sieht, ruft er überrascht aus: „Das Schlitzohr! Das darf ja nicht wahr sein! Es gibt ihn also tatsächlich."

Im Vorjahr hatte ihm ein Traktorfahrer vom Gut berichtet, er habe einen Rehbock mit beidseitig geschlitzten „Ohren" gesehen. Das war aber in einer ganz anderen Ecke des Reviers. Man hat dem Mann wenig Glauben geschenkt und in der folgenden Jagdzeit wurde er dort auch, wie erwartet, vergeblich gesucht – und dann bald als Hirngespinst eines Nichtjägers vergessen.

„Du bist ein Raritätensammler“, meinte Bernd, „erst gestern den ‚Mini-Zehner‘ und heute noch mit dem ‚Schlitzohr‘ eins draufgesetzt. Das muss gefeiert werden.“

Das waren nun genug Gründe, um Strecke und neuen Titel gebührend zu würdigen.

Schlüsselerlebnisse

„Ich glaub', die ist mit dem Teufel im Bund!" So redeten die Mitjäger über eine gewisse Gamsgeiß und erzählten mir, was es damit auf sich habe.

Wenn man im Spätsommer nach den Gams im Griesgundkar schauen wollte, verdarb sie einem alle weiteren Chancen. Bis die Höhe erreicht war, musste man sich zuerst über den „Kniebrecher" hinaufschinden. Das ist ein affensteiler Steig, der sich von der Talebene übergangslos über gut dreihundert Höhenmeter vor einem aufbaut. Stellen Sie sich das Ulmer Münster dreimal so hoch vor, die Stufen doppelt so hoch wie normal – dann haben Sie in etwa einen Begriff davon, warum die Einheimischen, die sowieso möglichst alles in der „Direttissima" ersteigen, den Begriff „Kniebrecher" geprägt haben. Bergauf kann man's ja noch ganz gut machen, aber dann bergab, mit den üblichen jägerischen „Siebenzwetschgen" und vielleicht noch obendrein mit einem Rehbock oder Gams am Buckel – da erinnert man sich schmerzlich an diesen bildhaften Namen.

Zur Belohnung für die Mühe des Aufstiegs empfängt einen droben ein alles Wild warnender Gamspfiff. Manchmal äugt den frustrierten Jäger noch aus den deckenden Latschen das greise Haupt einer alten Geiß an. Nie tut sie einem den Gefallen, sich frei hinzustellen oder abspringend noch ein Haberl zu machen. Nein, sie verdrückt sich, immerfort pfeifend, unerreichbar in den Zundern. Es bleibt einem nichts weiter übrig, als zähneknirschend diesen Ort – Griesgund, Griesgundkar – ohne weiteren Anblick weiterpirschend zu verlassen. Alle Gams, die man von der Talsohle aus dort droben stehen sah, haben sich auf den Alarm hin über die Scharte beim Hammerkopf ins Warmatsgund verzogen.

Und noch etwas wussten die Jäger von diesem „Deifisviech“ zu berichten. Nur bei Männern würde sie so rebellisch sein. Die Frau eines Jägers ließ sie unbehelligt passieren, ohne dass ein warnender Pfiff ertönte. Die Frau hatte von der Geiß gehört, wusste um ihre Wachsamkeit und war erstaunt, dass sie als Frau nicht „ausgepfiffen“ wurde. Um die Probe aufs Exempel zu machen, wiederholte sie ihren Ausflug ins Griesgund – mit dem gleichen Ergebnis.

Als ich Ende August mit meiner Frau für ein paar Tage wieder im Jagdhaus war, weihte Bernhard – unser Berufsjäger – uns in seinen Plan ein.

„Frau Meyden“, sagte er, „das wär’ doch ebbas fir uib (Das wär’ doch was für Sie). Sie hent doch huier no kuin Gems g’schosse. Die Mannsbilder hent kui Glick mit diesar Geiß und mit ar Jägerin rechnet die it.“

Meine Frau war sofort Feuer und Flamme, das war eine Sache, die sie reizte. Sie wollte noch am selben Nachmittag aufsteigen und, falls sie nicht am selben Tag zu Schuss käme, auf der Griesgundhütte übernachten.

Die nur wenige Quadratmeter große Hütte steht gut gedeckt auf einem Absatz unterhalb des weitläufigen Kars. Drinnen bieten ein Stockbett, ein Tisch, eine kleine Bank und ein Herd bequemen Aufenthalt.

Vor zwei Jahren musste ich dort mit einem Freund eine Nacht verbringen, die weniger angenehm war. Der Freund hatte, es lag schon Schnee, einen geringen Hirsch erlegt. Wir brachen ihn auf, zogen ihn bis zur Hütte herab und sicherten ihn mit der leeren Patronenhülse gegen den nächtlichen Fuchsbesuch. Da mein Begleiter seinen Schweißhund dabei hatte, war meine BGS-Hündin Silva, die gerade heiß war, unten im Jagdhaus bei meiner Frau geblieben. Für seinen Liebling nahm er den Pansen mit, den er nur notdürftig ausschüttelte. Die gründliche Reinigung wollte er dann am Heimweg, drunten im Wasser der Stillach vornehmen. Wir packten unsere Brotzeit aus, heizten gehörig ein und ließen

Tag und Erlebnis mit vielen grünen Geschichten ausklingen. Der Rüde durfte in der Dunkelheit noch ein wenig ins Freie. Die Zeit verging mit Erzählen wie im Flug und nach einer halben Stunde erinnerte sich der Freund an seinen Hund. Aber der Brave saß längst vor der Hüttentür. Noch nichts Böses ahnend krochen wir in unsere Lager. Bald jedoch wurde ich wach. Gasalarm! Es stank bestialisch zum Himmel. Ich riss Tür und Fenster auf. Was war passiert? Der Hannoversche Schweißhund hatte sich mit dem Hirschpansen bis zum Platzen vollgeludert. Noch dazu mit dem ganzen Grünzeug, das daran haftete. Und nun gärte es in dem Hund wie in einem Reaktor. Die ganze lange Winternacht ging's Schuss auf Schuss. Das Fenster musste offen bleiben – und das bei zehn Grad unter null. Seitdem hatte von uns niemand mehr auf der Hütte genächtigt.

Meine Frau wollte nun nicht länger warten. Versehen mit einer kleinen Brotzeit für Abend und kommenden Morgen, war der Rucksack nicht zu schwer. Noch waren die Nächte spätsommerlich mild, sodass sie auch droben in der Hütte kaum frieren müsste. Den altväterlichen Hüttenschlüssel, als Anhänger hatte er einen kleinen Bergkristall, nahm sie vom Schlüsselbrett und steckte ihn in die Joppentasche. Wir vereinbarten, dass ich, falls ich nicht noch am selben Tag ihren Schuss hören würde, sie am anderen Morgen droben abholen werde. Bis ich am Vormittag bei ihr wäre, so hofften wir, hätte sie die Geiß sicher erlegt. Bis zum Einstieg in den Kniebrecher begleitete ich sie, dann waren es nur noch die guten Wünsche, die sie mit auf den Weg nahm.

Bei meinem anschließenden Ansitz am Leiterberg auf der jenseitigen Talseite hatte ich jedoch bis zum Einbruch der Dunkelheit keinen Schuss vernommen. Aber das wollte nichts bedeuten, das Rauschen der Bergwasser konnte den Knall leicht übertönt haben. Um meine Jägerin brauchte ich mich nicht zu sorgen, ich wusste sie wohl geborgen in der Griesgundhütte. Zudem war unsere scharfe Silva bei ihr.

Vor der Hütte

Die Warnerin

Der Bock von der Biberalp

Brücke über den Rappenalpbach

Nach dem Morgenansitz machte ich mich auf den Weg. Nach schweißtreibendem Aufstieg stand ich vor der kleinen Hütte. Davor saß, ganz zusammengesunken, mit dem Hund im Arm, schlafend die Geliebte. Was sollte denn das bedeuten? Gleich hatte mich unsere Silva erkannt und umsprang mich freudig.

„Was machst denn du da heraußen? Warum seid ihr nicht in der Hütte?"

Noch ganz schlaftrunken wies meine Frau auf ein blitzendes, nagelneues, modernes Schloss an der Tür. Das konnte sie mit ihrem altväterlichen Schlüssel nicht öffnen. Verzweifelt hatte sie in den üblichen Verstecken nach dem passenden Schlüssel gesucht. Vergeblich. Unfassbar, dass die bislang uns allen zustehende Behausung plötzlich unzugänglich geworden war.

Da fiel mein Blick auf ein an der Hüttenwand hängendes Gams.

„Weidmannsheil! Ist das die Geiß? Erzähl, wie hast du sie überlistet?"

„Beim Aufstieg", begann meine Frau, „fiel mir ein, dass vielleicht meine Büchse die Geiß warnen könnte. Also weg mit der Bockbüchsflinte und zerlegt hinein in den Rucksack. Den Hund konnte ich ja nicht auch noch dazu packen, den musste sie als harmlos anschauen. An dem Platz, den man mir als ihren Ausguck beschrieben hatte, da war sie aber nicht. Auch kein warnender Pfiff ertönte. Als ich mit dem Glas die Gegend absuchte, meinte ich in den Latschen eine Bewegung erspäht zu haben. Sie schien demnach da drinnen zu sein. Um Einblick in das Labyrinth der Zunder zu bekommen, verließ ich den Steig und krabbelte über die begrenzenden Felsen hoch in den Gegenhang. Das war der einzige Platz, von wo aus ich, außer vom Steig, hinüberschießen könnte. Hinter einem Felsblock ließ ich mich nieder, legte den Hund ab und baute die Büchse wieder zusammen. Im grünen Meer der Latschen waren kleine Gassen, dort hoffte ich, würde sie doch einmal auftauchen. Und wirklich, nach einer guten Weile sah ich die Rückenlinie eines Gams. Mehr nicht. Als das Stück mal das Haupt hob, hatte ich das Glas noch nicht am Kopf, um es genau ansprechen zu können. Und so ging das stundenlang. Eine rechte Geduldsprobe. Die Büchse lag längst gut gebettet auf dem Felsbrocken, ich brauchte jetzt nur noch die Bestätigung, dass es auch wirklich die Pfeiferin ist. Dann wurde es langsam Abend, das Licht wurde immer weniger. Gerade, als ich mit dem Gedanken spielte, nun zusammenzupacken, stand sie halbwegs frei auf einer Lücke. Das Spektiv lag bereits auf die Entfernung eingestellt neben der Büchse. So genügte ein kurzer Blick: Geiß – alt! Sie musste es sein! Schnell das Fernrohr beiseite und in Anschlag gehen. Auf den Schuss hin war sie einfach versunken. Ich sah nur noch ein paar Zweige am selben Platz wackeln und langsam zur Ruhe kommen. Im Stillen jubelte ich auf. Ich hab' sie!

Sie hatte tatsächlich, trotz meiner jägerischen Erscheinung, der Bekleidung wie ein Mannsbild, in mir ein weibliches Wesen erkannt. Wieso sie mich in diesem Aufzug dennoch als harmlos zu erkennen glaubte – das hat sie mit in den Gamshimmel genommen."

Nachdenklich fragte sie: „Was wissen wir von den Tieren, ihren feinen Sinnen und Antennen?"

Und meine Jägerin erzählte weiter: „Bis ich dann hinübergestiegen, sie aus dem Gewirr der federnden Latschen herausgeschleift und aufgebrochen hatte, war's Nacht geworden. Ich freute mich nun auf den bergenden Kobel, auf Licht, auf Wärme – und dann diese Enttäuschung!"

Ich teilte ihre Gefühle. Im Dunkeln abzusteigen war viel zu gefährlich. Sie war gefangen. Die ganze, endlos erscheinende Nacht saßen die beiden eng aneinandergeschmiegt, umhüllt vom wärmenden Lodenkotzen unter dem herausragenden Hüttendach. Sahen sehnsüchtig die unerreichbar fernen, heimeligen Lichter im Tal. Zum Glück war der Rucksack mit guten Dingen für Frau und Hund bestückt. Wie langsam, wie schneckenlangsam kriechen dennoch die Stunden dahin. Immer wieder ein Blick auf die Uhr, ein Blick gen Osten, wo sich der Morgenhimmel noch immer nicht erhellen wollte. Auf der schmalen Bank vor der Türe konnte sie sich nicht ausstrecken. Es blieb nur die kleine, zum

Glück hölzerne Terrasse davor. Da konnten sich die zwei zusammenkuscheln und gegenseitig wärmen. Selbst Ende August sind die Nächte auf 1.500 Metern Höhe empfindlich kalt. Ab und zu machte sie, um warm zu werden, einen kleinen Rundgang um die Hütte. Weitere Wege waren unmöglich, die Nachtwolken ließen nicht den kleinsten Stern durch die Lücken blitzen. Stille und absolute Einsamkeit ringsum. Nur vom Gundsberg her unterbrachen die fernen Rufe der Käuze die schweigende Finsternis.

Wieso das Schloss ausgetauscht war und wir nichts davon erfahren hatten, das wollte ich sofort unten im Jagdhaus klären. Mir saß eine Mordswut im Bauch und mich beschlich bereits ein Verdacht. Zunächst jedoch tröstete ich meine Jägerin und konnte sie nur herzlichst zu ihrem schwer verdienten Weidmannsheil beglückwünschen.

Die Geiß war wirklich uralt. Spitz stand ihr Rückgrat unter der sommerfahlen Decke. Die engen Jahresringe, für die ich fast eine Lupe gebraucht hätte, zeigten neunzehn Jahre. Daher die schlechten Erfahrungen mit den Mannsbildern.

War es fair, ihr Vertrauen in die Harmlosigkeit ihrer Geschlechtsgenossinnen so zu missbrauchen? Wir trösteten uns mit dem Gedanken, dass tricksen, täuschen und tarnen zur Jagd gehört. Auch in der Tierwelt. Und als ich mir die knochige Uralte dann auf den Gamsträger band, kam mir der Gedanke an einen gnadenlosen Winter in den Sinn. Ihr geringes Gewicht ließ mich selbst den Kniebrecher nicht allzu sehr spüren.

Beim Abstieg wurde es meiner Frau wieder gehörig warm. Ihren Humor hatte sie nicht verloren. Sie war stolz darauf, eine solch unwirtliche Nacht überstanden zu haben. Und die Krickel der Altgeiß, so gering und bleistiftdünn sie auch sind, verdienen mit Recht den Namen „Trophäe". Sie ist bis heute ihre liebste geblieben.

Als Erster lief mir drunten der Sepp, einer der beiden Hauptpächter, über den Weg. Auf die Frage, wer das neue Schloss angebracht habe, tat er sehr erstaunt.

„Ihr seid ja doch nie da droben, keiner von euch will da übernachten. Die Hütte habe ich dem Sohn vom Erwin verpachtet und der hat wahrscheinlich das neue Schloss eingebaut."

Es erübrigt sich, zu erwähnen, was ich dem Sepp nun für deutliche Worte sagte. Es war sinnlos. Der Mann tat, als sei er der Alleinpächter und hielt es auch nicht für notwendig, seine Mitpächter und -jäger von seinen Entschlüssen zu informieren. Wir haben in all den Jahren noch viele weitere selbstherrliche Taten erlebt, die uns, so einmalig schön das Revier auch ist, letztendlich zur Aufgabe des Pachtverhältnisses bewegt haben. So hat das Wort „Schlüsselerlebnis" zweierlei Bedeutung erlangt.

Diesem Erlebnis ging ein ähnliches voraus. Es war im Jahr zuvor. Mit Frau und Hund hatten wir uns für eine Woche in unserer Wohnung im großen Jagdhaus eingerichtet. Diese Einlegerwohnung teilten wir uns mit unserem Freund und Jagdpartner Horst. Im oberen Stockwerk gab's für jeden ein eigenes Schlafzimmer. Davor lag eine große Diele mit einer Panorama-Fensterfront nach zwei Seiten, das „Salettl". Das war ein wunderbarer Platz. Da konnte man bei trostlosem Regenwetter auf einem breiten Sofa – im Allgäu heißt so ein Möbel „Bugrat" – lesend den Tag verbringen. Ab und zu tat man einen Blick in die Berge, hinauf ins Griesgund oder zum Eschbach, ob nicht ein Wild zu sehen wäre. So war man stets informiert, ob man draußen was versäumen würde. Im Parterre kam man neben der geräumigen Diele in die heimelige, holzgetäfelte Stube mit gemütlicher Eckbank und großem Tisch für eine fröhliche Jägerrunde. Ganz geschickt hinter einer Wand verbarg sich die kleine Küche mit allem, was dazu gehört. Einzig mangelhaft war die Isolierung. Urgemütlich war's in diesen Räumen, es sei denn, es herrschten draußen, wie es im Dezember, Januar oft vorkam, zwanzig und mehr Minusgrade. Da kostete der nächtliche Gang zur Toilette im Erdgeschoß echte Überwindung. Den größten Luxus bot die Sauna im Keller. Die hatte noch der Vorbesitzer des Anwesens einbauen lassen. Nach einem Jagdtag in Eis und Schnee erfreute man sich dort der vergangenen Strapazen erst so recht von Herzen.

Wir waren erst einen Tag wieder einmal auf unserer „Hütt'n", wie wir die Wohnung nannten, da rief Walter, der Jagdfreund von Horst und mir, an. Er würde gerne für zwei, drei Tage mit einer neuen „Bekannten" ins Tal kommen. Ob wir nicht so lieb wären und so lange in die „Huber-Hütte" ausweichen könnten.

Voller Verständnis für seine „Notlage" sagten wir zu. Wir räumten das Feld.

Diese Hütte steht im hinteren Teil des Reviers, unweit der Alpstraße, jenseits des Rappenalpbachs. Massiv gebaut, bietet sie Platz und jede Bequemlichkeit, die man von einer Berghütte erwarten kann. Wir waren bislang noch nie dort gewesen, doch wir wussten von Partner Horsts Erzählungen, der sie oft mit Freunden benützte, wie schön es dort sei.

Walter würde diesmal jedoch lieber in der Wohnung bleiben, denn die Erwähnung einer Sauna hätte seine Begleiterin von einem gewissen, zu erwartenden Luxus überzeugt. Die Nächtigung auf einer Berghütte, in dem Fall der Huber-Hütte, konnte sie, bei aller Romantik, nicht in die Berge locken.

Wir nahmen den Hüttenschlüssel vom Haken – er hatte einen schönen Anhänger, einen „Hühnergott". Das ist ein Feuerstein mit einem Loch in der Mitte. Irgendeiner aus der Familie hatte ihn einmal an der Nordsee gefunden und hier in den Alpen – welch ein Kontrast – als Schlüsselanhänger hinterlassen.

Wir packten alles Notwendige – und da wir kein Transportproblem hatten, war's eine ganze Menge – in den Pick-up und fuhren gemütlich ins hintere Tal zur Huber-Hütte. Noch war's früher Nachmittag und ich hatte vor, meine Frau in der Nähe der Hütte mit allen unseren Herrlichkeiten abzusetzen. Anschließend wollte ich dann weiter hinauf zur Biberalp, da sich dort ein besonders guter Rehbock herumtrieb, den ich zu gerne noch vor Hirschbrunft und Jagdzeitende erlegt hätte. Unzählige Male, unzählige Ansitze hatte ich bisher dort oben um seinetwillen verbracht. Hinter einem Berberitzenstrauch am Rand der Biberalp lag ein umgestürzter Baum. Von dem Platz wollte ich anschließend nach dem Heimlichen ausschauen.

Nach ein paar Kilometern taleinwärts waren wir vor der Jagdhütte angelangt. Wir luden nun am diesseitigen Ufer unseren Dreitagesbedarf ab. Meine Frau wollte ihn in aller Ruhe über den Steg schaffen und die Behausung für uns einrichten. Herr und Hund fuhren weiter und stiegen dann zum Ansitz auf.

Mild und wolkenlos war der Spätsommerabend. Am Fuß des Biberkopfs standen Gamsmütter mit ihren Kitzen und aus den Laublatschen, wo ich den Rehbock vermutete, zog im ersten Dämmern ein Stuck mit seinem Kalb. Der gute Rehbock ließ sich nicht blicken. Langsam verging der Tag in sinkender Dunkelheit. Da sah ich, wie meine Silva witternd den Kopf hob. „Obacht", dachte ich, „jetzt kommt was!"

Und tatsächlich zog von der rechten Seite her ein Reh auf die Alpfläche. Ein Bock! Ein kurzer Blick durchs Glas zeigte mir, er war's, der lang Gesuchte! Er war unbemerkt von dem kleinen Waldstück, das wir beim Aufstieg durchqueren mussten, herangezogen. Es war nicht einfach, ihn noch ins Zielglas zu bekommen. Das Jagdfieber ließ das Absehen tanzen. Nur Ruhe jetzt. Immer stand er schlecht, wollte und wollte sich nicht breit stellen. Die Hündin hatte ihn ebenfalls erspäht, leis klapperten ihre Zähne. Dann endlich stand er gut für einen gerechten Schuss über den Bergstecken. Grollend kam das Echo vom Biberkopf zurück und rauschte verebbend entlang der gegenüberliegenden Hänge und Wände. Vom grellen Mündungsblitz überblendet sah ich nur einen dunklen Schatten auf der Alp liegen, der zuvor noch nicht da gewesen war.

Das Stuck mit seinem Kalb war wieder in seinem Einstand untergetaucht, während die Gams ungestört weiterästen. Den Hund ließ ich abgelegt, während ich hinaufstieg, um den Bock zu holen. Das Gwichtl war eine Überraschung. Den Heimlichen hatte ich im Frühsommer nur einmal kurz in Anblick bekommen, aber was ich jetzt entdeckte, da musste ich mich erst einmal hinsetzen. An seiner linken Stange, gleich oberhalb der breiten

Dachrose ragte eine kleinfingerlange Stange nach rückwärts. Auf der anderen Seite das gleiche Bild, nur war das rechte Stänglein ein wenig kürzer. Ein toller Bock! Eine Riesenfreude. Meine Frau würde Augen machen!

Ein gutes Stück trug ich ihn bis zum Weg hinunter, wo ich ihn aufbrach. Da war's nicht mehr weit bis zum abgestellten Wagen. Ich freute mich nun besonders auf die kleine Feier, auf einen Hüttenabend ganz abseits jeder menschlichen Behausung.

Im Scheinwerferlicht tauchte nahe beim Übergang zur Hütte ein Mensch auf. Das war ja meine Frau! Sicher kam sie von einem kleinen Abendspaziergang zurück. Doch was war denn das? Alles, vor ein paar Stunden abgeladene Gepäck lag noch immer neben der Alpstraße.

„Stell dir vor", berichtete sie voller Zorn, „der Schlüssel passt nicht, da hat jemand, ohne uns was zu sagen, das Schloss ausgetauscht!"

Was war das wieder für eine neue Teufelei? Ich schaute nun selbst nach. Die Tür ließ sich nicht öffnen. Deutlich sichtbar war da ein neuer Schlosszylinder.

Meine Frau hatte ihren Humor wiedergefunden. „Der Hühnergott am Schlüssel hat auch nix geholfen."

„Der weiß halt, dass du keine blöde Henne bist."

Dann sah sie meinen Bruch am Hut.

„Ich hab' deinen Schuss gehört. Was hast du geschossen? Hast du den Bock bekommen?"

Wir gingen zum Pick-up, ich hob den Edlen heraus und streckte ihn neben dem Bach.

Meiner Frau verschlug's fast die Sprache. „Das so was hier wächst!"

Die versperrte Tür konnte uns nun nicht mehr die Stimmung verderben. Wir beschlossen, erst einmal in aller Ruhe zu „brotzeiten". Genug Speis und Trank hatten wir ja dabei. Die Hüttenbank unter dem Vordach lud zur Rast. Meine Frau hatte bereits bei der Ankunft eine Flasche mit Grünem Veltliner ins eiskalte Bergwasser gelegt. Die wurde jetzt herausgefischt und feierlich geöffnet. Vor uns gluckerte und murmelte der Bach, dahinter, in bleiches Mondlicht getaucht, die Gipfel von Hohem Licht und Biberkopf. Und dann noch neben dem Bach der starke Rehbock. Wir konnten uns keinen schöneren Platz wünschen. Dass wir dabei, mangels Gläsern, aus der Flasche trinken mussten – das tat unserer guten Laune keinen Abbruch.

Wir widerstanden der lockenden Versuchung, eine zweite Flasche zu öffnen. Grund genug hätten wir ja gehabt. Die Alpstraße ist zwar ein für die Öffentlichkeit gesperrter Privatweg und um diese späte Stunde würde uns garantiert niemand mehr begegnen, doch es gab auch gefährlich schmale Stellen oberhalb eines Steilhangs. Wir luden nun unsere Siebensachen wieder ein und rollten talaus, zurück ins Jagdhaus.

Laut redend und mit großem Gepolter kündigten wir uns an in der Hoffnung, dass die beiden nicht gerade in der Sauna hockten und nichtsahnend auftauchten. Walter hatte uns jedoch schon gehört und kam uns entgegen. Wir konnten ihm nur bedauernd von unserem unverschuldeten Pech erzählen. Er war ein wenig enttäuscht über sein sorgfältig geplantes und nun geplatztes „Tête-à-Tête". Wir beschwichtigten ihn, dass wir am nächsten Morgen voller Verständnis das Feld räumen und abreisen würden.

Dann nahm ich den Freund beim Arm und führte ihn zum Geländewagen.

„Schau, was ich mitgebracht habe!"

Er war zuerst sprachlos. Als er sich wieder gefangen und mir gratuliert hatte, meinte auch er: „Das müssen wir gehörig feiern!"

Wir luden erst einmal alles wieder aus und er musste inzwischen seiner „Begleiterin" die veränderte Situation erklären.

In der Stube bei Kerzenlicht saß eine hübsche junge Frau. Sie erblickte die Meinige, sprang auf mit einem freudigen „Eugenie, ja so was, das ist aber eine tolle Überraschung!"

Wir zwei Mannsbilder schauten uns verdutzt an. Meine Frau dagegen umarmte sie und mit einer Handbewegung stellte sie vor: „Das ist mein Mann und das ist meine Kollegin Anja!"

Daraus wurde noch ein sehr fröhlicher Abend. Das Haupt des ungraden Achters lag im Kranz von Latschenbrüchen auf dem Tisch. Der Verlauf der nächsten Stunden ließ die beiden die Störung ihrer Zweisamkeit überwinden und sie baten uns, unbedingt übers Wochenende zu bleiben. Es erübrigt sich zu erwähnen, dass wir daraufhin noch ein paar Mal in den Keller steigen mussten, um eine neue Flasche zu holen.

Diesmal jedoch tranken wir aus unseren schönen handgeschliffenen Weingläsern.

Knalleffekt

Rezzori hätte ihn als „ein Jüngelchen von fertigem Gelde" bezeichnet. Ein lieber Freund hatte ihn mir, wie man so sagt, „aufs Auge gedrückt". So nahm ich den Mittzwanziger halt mit auf die Gamsjagd ins Lungau. Er entstammte einer weitbekannten Bierbrauerdynastie mit Hotels und unzähligen Gasthäusern. Dort fungierte „F. X." oder landläufig „Effix", wie Franz Xaver allgemein genannt wurde, hauptsächlich als lustiger Stammtischbruder und allseits beliebte Frohnatur.

In jenen Jahren hatte ich einen kleinen Gamsabschuss in einem abgelegenen Lungauer Revier gepachtet. Beiderseits des Tals ragen schroffe Gipfel von Zweieinhalbtausendern über teilweis unbejagbar steile Hänge. Und nun wollte ich mich, in Begleitung dieses Gaudiburschen, einem lang vergebens bejagten, lang vergebens gesuchten, alten und abnormen Gamsbock widmen. Diesen einen Bock hatte ich noch frei, den hatte ich mir noch aufgehoben. Die Brunft, so hatte mir Hans am Telefon gesagt, hatte begonnen und es musste jetzt mit dem Teufel zugehen, wenn der Abnorme diesmal nicht zu erbeuten wäre. Hans, mein oftmaliger Pirschführer und mit eigenem Besitz Teilhaber des Reviers, war Berufsjäger im Nachbarrevier. Diesmal, sagte er, wäre er dienstlich verhindert, mich zu führen, aber ich könne ruhig, wie zuvor schon so oft, allein gehen, ich würde mich im Revier ja bestens auskennen. Wenn nebenzu ein jagdbares Geißl zu erlegen wäre, dann, so war es ausgemacht, sollte mein Begleiter ebenfalls zu Schuss kommen. Es wäre sein erstes Gams.

Jetzt wollte er bei mir zusteigen, um gemeinsam – mangels eigenen Fahrzeugs – gen Süden zu rollen. Sein nigelnagelneuer Lamborghini war vor Kurzem den Weg allen Blechs gegangen.

Er wollte einem Jagdfreund auf einer hoch gelegenen Almhütte nur mal einen kleinen Besuch abstatten, um ihm bei der Gelegenheit seine tolle Kutsche vorzuführen. Als er nach frohem Umtrunk zur Talfahrt aus der Hüttentür trat, musste er sich die ungläubigen blauen Augen reiben. Die gelbe Rennsemmel war weg! Im selben Augenblick kam der Hüttenwirt des weiter unten in Talnähe gelegenen Gasthauses die schmale Bergstraße heraufgeknattert.

„Wenn du dein'n Karr'n suchst", verkündete hohnlachend der Gastronom, „der steht, oder besser, hängt ober mein'm Wirtshäusl in de Staud'n!"

Mein Braumeister hatte vergessen, die Handbremse anzuziehen, der Gang war herausgesprungen und – holterdipolter, rumpeldipumpel – der Lamborghini machte sich allein auf seine letzte Reise. Flott ging's steil bergab. Auch ohne Steuermann. Halt nur nicht auf der Straße, sondern in Direttissima durch Latschen und Gedax. Da ein neues Gefährt aus dem Hause „Lambo" wegen längerer Lieferzeit nicht verfügbar war, wurde aus „F. X." mein lustiger Beifahrer.

Die Reise in den Lungau wurde uns mit seinen endlosen gaudigen Schwänken und Lumpeng'schichten nicht lang. Ich kannte „F. X." schon von einigen Treibjagden in seinem elterlichen Revier. Ihm ging der Ruf eines mit unglaublichem Anlauf gesegneten Jägers voraus. Das bestätigte sich auch bei einer gemeinsamen Jagdreise in die Karpaten, als sein süßer Ansitzschlummer durch laubraschelndes Anwechseln und mühelose Erlegung eines ungeheuren, hochkapitalen Hauptschweins kurz und erfreulich unterbrochen wurde. Nun, ich war gespannt und hoffte, dass von diesem Dusel bei unserer Gamsjagd auch etwas auf mich überstrahlen würde.

Diesen alten Bock, hinter dem ich her war, hatte ich vor einigen Jahren während der Spielhahnjagd entdeckt. Beide Schläuche seiner Krucke waren in der Mitte durch irgendeinen Bergunfall abgeknickt und ragten nun im rechten Winkel nach vorn. Das sah unglaublich dramatisch aus, diese beidseitig nach vorn gerichteten Hakel, und ich hatte seitdem nichts anderes mehr im Sinn, als dieses abnorme Gams zu erbeuten. Jedes Jahr war ich ab August bis in den Dezember auf der Suche nach ihm. Als ich ihn dann endlich entdeckte, schoss ich auf lächerlich nahe Entfernung spiegelglatt vorbei. Dann kam ich ewig nicht ins Revier oder es hatte so viel Schnee, dass ich nicht einmal mit Skiern halbwegs bis zum hinteren Talboden gelangen konnte. Die einheimischen Jäger wussten bald von meiner Besessenheit und versprachen Schonung, so sie den Bock denn sähen. Das kostete jedes Mal einige Liter flüssigen Lohns für jagdliche Enthaltsamkeit, die ich gerne spendierte und die fröhlich gemeinsam konsumiert wurden.

In einem anderen Jahr, als ich im Spätsommer und Frühherbst vergeblich nach dem Abnormen ausgeschaut hatte, kam ich im November gerade recht zu einem kleinen Riegler, den die Einheimischen angesetzt hatten. Er sollte auf der westseitigen Talseite stattfinden. An den Alten, er mochte inzwischen sein erstes Jahrzehnt schon überschritten haben, dachte ich in diesem Gäu nicht. Bisher war er stets auf der östlichen, der Sonnseite, und zudem im Bereich des hinteren Tals umhergezogen.

Mein Stand unter den Felswänden, den ich um die zehnte Stunde erstiegen hatte, gewährte guten Überblick über das Geschehen unter und neben mir.

Lange rührte sich nichts. Ganz versunken saß ich im Anblick der spinnwebfeinen Föhnwolken am azurblauen Herbsthimmel. Da steinelte es unter mir. Ein Scharl Gams zog direkt auf meinen Standnachbarn zu, der etwa 300 Meter unterhalb saß. Und hinterdrein – mir zog's vor Schreck die Kehle zusammen, das Glas fiel mir fast aus der Hand – der Abnorme, der Alte! Herrschaftsaxn! Hol's der Teufel! Wie gibt's denn so was?! Ausgerechnet dem Herrn Finanzsekretär kommt er stichgerad!

Es krachte, es staubte. Die Gams spritzten auseinander und teufelten in wilder Panik bergab. Mit dem Glas – bis er im grünen Dschungel eines Latschenmeeres verschwand – konnte ich die Flucht des Beschossenen verfolgen. Er war gesund! Der Schuss war danebengegangen! Was ich jetzt schreibe, sollte in Klammern stehen: Ich freute mich!

Zeihe mich niemand des Jagdneids! Er ist mir wahrlich fremd. Aber in diesem Fall wär's eine harte Probe gewesen, die ich vermutlich nicht bestanden hätte. Mein Tag war gerettet! Zum Trost schoss mein Nachbar etwas später ein Sechserhirschl, das ich ihm von Herzen vergönnt habe. Den Anschuss auf den Bock schaute ich mir nach alter Gewohnheit dennoch an. Außer einem kapitalen Kugelschlag auf Felsgestein hatte der Schütz' keinen weiteren Schaden angerichtet. Anderntags guckte ich mir in diesem Gebiet stundenlang die Augen aus. Ich suchte umsonst. Es war wie verhext. Dann kam der Schnee, der Dezember und das Wild hatte seine Ruhe vor dem Jäger.

Nun war ich mit meinem brausepulvrigen Begleiter wieder im schönen Lungau. Die Fahrt war zwar lustig und kurzweilig gewesen, aber ich fühlte mich matt und wie zerschlagen. Der Kopf brummte wie ein Bienenschwarm, die Glieder schmerzten. Die Stirn war heiß wie ein Backofen. Unsere liebe Wirtin, die Lerchner-Mutter, in deren Gasthaus ich jedes Mal wohnte, riet zum Fiebermessen. Als ob es davon besser würde! Sie ließ nicht locker. Als dann das Thermometer 38,5 Grad zeigte, schaute ich zu, dass ich, nach Anwendung eines stocksteifen Grogs, in die Falle kam. Am Morgen dann, o Schreck, 40 Grad! Das war eine tolle Vorlage für eine Gamspirsch!

Doch jung und leichtsinnig, wie ich in jenen Jahren war, sagte ich niemandem davon und spielte fröhlich mit fieberheißen Backen den Gesunden. Es hatte derzeit schon wadentiefen Schnee und die Pirsch ließ mir am ebenen Talboden, der nur sanft anstieg, den Schweiß in Strömen rinnen. Bis wir, bei immer stetig wachsender Schneehöhe bis ganz nach hinten zum Talschluss durchgestapft und gewatet waren, konnte ich Unter- und Oberhemd regelrecht auswinden. Nach dem Abreiben mit Schnee und Wechsel der Wäsche fühlte ich mich wie neugeboren. Mein Begleiter sah's mit Grausen.

Alles Wild, das wir an jenem Tag in Anblick bekamen, waren Gamsmütter mit fröhlich spielenden Kitzen sowie etliche junge Böcke in ihren Halbstarkenrudeln. Noch schien die Brunft doch nicht so recht im Gange zu sein, die reifen Böcke pflegten wohl noch der Ruhe vor dem Sturm ihrer hohen Zeit.

Es war dessen ungeachtet ein unvergleichlich schönes Jagern in der unberührten Bergwelt, fern aller Unrast, allem Lärm der Täler. Die Jause mit Bauernbrot, heißem Tee und Lungauer Speck, bei Sonnenschein im Angesicht der stillen Berge ließ sogar meinen sonst so munter plaudernden „F. X." verstummen. Den Abnormen jedoch suchte ich vergebens.

Am Abend, bevor wir erfüllt von schönem Erleben, befreit von drückenden Rucksäcken und Büchsen bei stärkendem Mahl beisammen saßen, bekam ich das Geschenk des Tages: Das Fieber war überwunden. Mit einer Gewaltkur, die nur ein Junger mit einem Herzen wie ein Gamsbock aushält und die einem kein Arzt der Welt empfehlen würde.

Um's kurz zu machen, die nächsten Tage verliefen, was unsere Strecke anbetraf, genauso ergebnislos. Überdies fanden wir auch keine Geiß, die „solo" war.

Für unsere letzte Pirsch hatte mir Hans einen zwar beschwerlichen, so doch neuen, weil abgelegenen Weg empfohlen. Wir sollten bis auf halbe Höhe des Westhanges aufsteigen und dann unter den Gipfelwänden talein pirschen.

Der Schnee hatte sich unter Sonneneinstrahlung gesetzt und war beim Frost der Nacht fest und tragfähig geworden. Das war ein feines Gehen. Am Mittag, die Sonne meinte es wieder gut mit uns, machten wir Rast vor einem tiefen Bergeinschnitt, dem „Schafgraben". Man schaut weit auf den Gegenhang, den wir nach der Ruhepause ersteigen wollten. Als wir uns gerade niedergelassen hatten, wuselten aus dem Latschenfeld auf der drüberen Seite vier, fünf, sechs, zwölf, vierzehn Gams. Lauter Scharwild. Wo war der Platzbock, wo waren überhaupt die Böcke? Wir konnten nur eines machen, sitzen und warten. Irgendwann wird sich wohl mal einer der Herren da drüben um seine Geißen kümmern.

Die Geduld wurde belohnt. Oberhalb des Latschenfeldes war jetzt Bewegung. Ein Bock jagte den anderen. Es ging zu schnell, um sie anzusprechen. In einer wilden, schneestaubenden Hetzjagd tauchten sie in einen Graben weg. Nach einer Halbstunde stand plötzlich einer von ihnen beim Scharwild. Mir sprang vor Freude das Herz in den Hals – der Alte, der kohlracklschwarze Abnorme. Durchs Spektiv sah ich ein unvergessliches Bild, das meinen Puls schneller schlagen ließ: die wie zu einem Rammstoß nach vorn gerichteten Hakel! Er ist's! Von unserem Platz aus war's viel zu weit für einen sicheren Schuss. Ich musste näher heran. Doch das war schwierig. Der Weg bis zu einem Graben jenseits der Talsohle, in dem ich mich bis auf Schussentfernung ungesehen anpirschen konnte, war für die Gams voll einsehbar. Von oben her an sie heranzukommen, war wegen der Felswände unmöglich. Es gab nur eine Möglichkeit, absteigen und von unten her hinaufschießen. Es war jedoch äußerst fraglich, ob ich unentdeckt hinuntergelangen würde. Von unserem Platz aus waren es bis dort hinüber gut und gern 400 Meter.

Weitschüsse sind im Gebirg fast der Normalfall. Selbst habe ich etliche Stücke auf gut über 200 Meter, sogar bis an die 300-Meter-Grenze hin, erlegt. Manches Mal kommt man bei aller Pirschkunst nicht näher heran. Solch weite Schüsse betrachte ich nicht als Ruhmesblatt. Es ist in meinem Gefühl wie indirekter Beschuss. Man entdeckt das Wild auf weiteste Entfernung. Durchs Fernglas, speziell durchs Zielfernrohr mit der modernen x-fachen Vergrößerung, sieht man es zwar noch recht gut. Aber schaut man mit dem freien Aug', dann ist da in weiter Ferne ein winziges Ziel zu erkennen. Mir erscheint es auf die Distanzen jenseits von 250 Metern einfach zu abstrakt, auf Wild zu schießen, mir fehlt der Bezug zu meiner Beute. Übertrieben gesagt, die nächste Stufe ist ein Schuss mittels Bildschirm und Mausklick.

Ich betrachte mich nicht als Krieger (jedenfalls schauen bereits viele „moderne" Jäger so aus), der mit allen Mitteln den bösen Feind bekämpfen muss. So interessieren mich auch nicht die vielfältigen Angebote der Technik, mit einer Superwaffe jede beliebige Entfernung zu überwinden. Kürzlich sah ich auf der Rückseite einer großen Jagdzeitung eine Reklame für eine Waffe speziell für die Gamsjagd. Eine „Schieße" – anders kann ich es nicht bezeichnen –, die einem Maschinengewehr sehr ähnlich sieht. Auch noch in Camouflage. Braucht's das für die Gamsjagd? Vor einiger Zeit war in einer seriösen Jagdzeitung der Bericht eines alpenländischen Berufsjägers zu lesen, der sich nicht entblödete, zu rühmen, mit einer Spezialwaffe jederzeit noch auf 400 bis sogar 600 Meter sicher zu treffen. Das erinnert an Profikiller in düsteren Kriminalromanen. Inzwischen ist erwiesen, dass gerade durch die extremen Fernschüsse – von Weidgerechtigkeit, also Anstand, wollen wir gar nicht reden – das Wild nur noch scheuer und heimlicher wird. Die instinktiv gewahrte und tradierte Fluchtdistanz vorm Erzfeind Mensch weicht einem nicht mehr erfassbaren Unsicherheitsfaktor. Das Gleiche gilt für die Nachtabschießungen. Als Jagd will ich es nicht mehr bezeichnen. Durch zunehmende, geradezu freudige Akzeptanz der Technisierung werden jägerische Fähigkeiten, wie beispielsweise die Kunst des Anpirschens, unnötig oder, wie mir ein Kritiker meiner – in seinen Augen veralteten – Ansichten schrieb, zur „Opa-Jagd". Was dem Jäger, so er denn diese Bezeichnung verdient, dabei an Jagdfreuden entgeht – und auf die kommt es uns doch an – steht auf einem anderen Blatt. Aber wozu davon reden. Die es nicht begreifen, sind ohnehin davon ausgeschlossen.

Mein Problem war nun, an das Rudel ungesehen heranzukommen. Als Erstes musste ich meinem Begleiter klarmachen, dass er, wie ein gut abgeführter Hund an seinem Platz abgelegt, ausharren müsse. Dafür bekam er die Aufgabe, die Gams zu beobachten und mir gegebenenfalls Zeichen zu geben, falls sie, für mich nicht einsehbar, weitergezogen wären. Vor Jahren hatte ich nämlich im

Vertrauen auf die Disziplin meines damaligen Begleiters eine nie wiedergekehrte Chance auf eine Gamsgeiß verspielt, verschenkt. Ich wollte ihn, leichtsinnig, wie ich war, zugleich mit mir ebenfalls zu Schuss bringen. Dieser Fall sollte sich hier nicht wiederholen.

In der Entfernung von etwa 80 Metern lag der Graben, der vom Wild nicht eingesehen werden konnte. Wenn ich bis dahin unentdeckt käme, dann hatte ich gewonnen. Dazu musste ich wie ein Käfer über eine Schneefläche krabbeln. Langsam, langsam, immer wieder verhaltend, erreichte ich den Rand des Einschnitts. Mich nach „F. X." umdrehend, sah ich ihn eine beruhigende Handbewegung machen. Aufschnaufen! Sie sind noch da. Dann ging's wieder aufwärts bis zu einem Punkt des Grabens, den ich mir schon von oben her ausgespäht hatte. Von dort aus war's nur ein knapper Kugelschuss weit bis zu den Gams. Aber hier im Graben hatte es Unmengen von Schnee angeweht, sodass ich nur mühsam vorankam. Immer wieder versank ich bis zum Bauch im lockeren Treibschnee. Wenn ich nur ein paar Meter einigermaßen weiterkam, dann brach ich erneut im tiefen Schnee ein. Ich kochte, ich dampfte.

Endlich konnte ich mich aus dem Geländeeinschnitt zur oberen Kante emporarbeiten. Dort bot ein ausgeaperter Felsblock gute Deckung und Auflage für die Büchse.

Auf dem Bauch liegend beobachtete ich lange das Rudel. Auf dem steilen Hang war der Schnee teilweise abgerutscht. Mit den Schalen schlugen die Gams das bleiche Lahnergras frei. In ständigem Strom rieselte der Schnee zu Tal. Ständig war der Begehrte in Bewegung. Ständig trieb er seine auserwählte Geiß. Stand er endlich breit, war er verdeckt. Einmal verhoffte er minutenlang, wie verschnaufend, spitz von hinten, dann, als er sich gedreht hatte, tobten die verspielten Kitze um ihn herum, sodass ich wieder nicht schießen konnte. Längst hatte ich eingestochen! Der Zielstachel folgte. Die Gewissheit, so nah am lang ersehnten Ziel zu sein, ließ meine Pulse bis in die Ohren hinein trommeln und rasen. Zeit lassen! Nur Ruhe! Gleich ist sie mein, die lang und heiß ersehnte und umkämpfte Beute.

Da, plötzlich – krachte ein Schuss. Überlaut knallte und grollte das Echo von den aufragenden Wänden. Die Gams jagten auseinander, flohen in heilloser Flucht zurück in die rettende Latschenwildnis. Aus der Traum! Aus, aus und vorbei!

Verdammt! Was war da los? Ich drehte mich zu meinem Begleiter um und sah, wie er seitlich zu einem schwarzen Punkt im Schnee hinstapfte. Er beugte sich nieder und zog – ich traute meinen Augen nicht – ein Gams aus einer Mulde. Das konnte doch einfach nicht wahr sein! Ich hatte ihm ausdrücklich gesagt, er solle sich nicht vom Fleck rühren. Dass er selbstständig ein Gams erlegen würde, das ging absolut gegen unsere Abmachung. Ich bebte vor Zorn. Vor Wut brach mir nochmals der Schweiß aus. Und das Schlimmste war, ich konnte jetzt nicht hinauf, ihn zusammenzuputzen, dass er in keinen Schlappschuh mehr passte. Ich musste hier in aller Ruhe ausharren und hoffen, dass die Gams sich beruhigen und wieder aus den Latschen herauskommen würden. Mühsam rang ich um Fassung. Jetzt war es mir also zum zweiten Mal passiert, dass ein Begleiter, den ich als Freundschaftsdienst mitgenommen hatte, mir ein heiß begehrtes Wild, kurz bevor ich es erlegen konnte, vergrämt, vertrieben hatte. Wer da nicht explodiert, muss das Gemüt eines Fisches haben. Doch die Explosion musste warten, bis ich bei ihm war.

Mittlerweile war die Sonne hinter dem westlichen Bergkamm untergegangen. Kalt zog der Wind von der Höhe wie durch eine Düse den Graben herab. Nass geschwitzt wie ich war, beutelte es mich erbärmlich. Meinen Lodenkotzen samt Rucksack hatte ich ja droben bei dem Unglücksraben gelassen. Und vor drei Tagen noch solch hohes Fieber!

Eine halbe Stunde wollte ich noch ausharren, dann wäre es sowieso Zeit, dass der Gamsjäger die Heimkehr antritt. Doch selbst diese kurze Zeitspanne hielt ich nicht aus. So sehr klapperten mir die Zähne, so sehr schüttelte es mich, dass an ein ruhiges Zielen nicht zu denken war.

Hinunter durch die Schneerinne, drüben wieder hinauf zu meinem Rucksack, da wurd's mir wieder warm. Und da kam er daher, der Unglücksmensch. Er lachte auch noch. Er war sich keiner Schuld bewusst. Ich war fassungslos. Es liegt mir fern, jemandem seine Erlegerfreude zu verderben, aber in diesem Fall konnte ich nicht mehr an mich halten.

„Was fällt dir ein, du schussgeiler Teufel?! Bist du wahnsinnig geworden?! Wir hatten doch ausgemacht, dass ich zuerst schieße und du hier nur beobachten und keinesfalls schießen sollst!"

„I hab' halt g'moant, du schiaßt heit nimmer! Und da is mir an oanzelne Gamsgoas kemma und i hab mer denkt, nacha schiaß halt i!"

Lassen Sie mich lieber nicht wiederholen, was ich ihm noch für „Freundlichkeiten" an den Kopf geworfen habe. Und dann kam der zweite Knalleffekt, die Geiß entpuppte sich als Bock. Dieser arglose, dreijährige Springnickel war auf nächste Entfernung auch noch falsch als Geiß angesprochen und gemeuchelt worden. Und wenn der Teufel schon mal Junge hat – nun kam der ärgste Knalleffekt: Jetzt hatte ich keinen Bock mehr frei! Im Klartext: Für heuer Jagd vorbei, Halali.

Ich schickte ihn samt seiner Beute voraus, zu Tal, ins Gasthaus. Ich brauchte jetzt meine Ruhe, konnte ihn nicht mehr sehen, wollte allein sein, um mich wieder zu „derfangen". Alle grünen Teufel! So nah am Ziel! Das war bitter, doch ich musste allein mir die Schuld geben. Ich hätte es wissen müssen, dass er einen sehr lockeren Drückefinger hatte. Das war noch bitterer. Diese Frohnatur kannte keinerlei Schuldgefühle. Wozu sollte ich ihn noch schimpfen. Genauso hätte ich meinen Hund strafen müssen, weil er nicht Englisch kann.

Da saß ich nun, kochend vor Wut, und schaute ihm zu, wie er in der Ferne, die Beute hinter sich herziehend, talaus verschwand. Die blaue, kalte Stille um mich her glättete sacht meine aufgewühlte Stimmung.

Am Abend setzte sich Hans zu uns. Er hörte meinen Bericht an und dann bekam „F. X." deutliche Worte eines erfahrenen Jägers um die Ohren. Eine saubere Abreibung. Obendrein hatte er einen IIa-Bock umgelegt, was ihn die doppelte Abschussgebühr kostete.

Mein Mitleid hielt sich in Grenzen.

Unser Abendessen war eine schweigsame Sitzung. „Effix“ war bedrückt. Jetzt endlich, durch den drastischen Klartext von Hans war er sich seiner Unbeherrschtheit, seiner Rücksichtslosigkeit bewusst geworden.

Mein Ärger war zwischenzeitlich einem gewissen Mitleid gewichen. So, in einem offenen Zerwürfnis, auseinanderzugehen, die Nacht zu verbringen, am Morgen die gemeinsame Heimfahrt anzutreten, das widerstrebte mir. Ich reichte ihm die Hand.

Ein Strahlen ging über sein Gesicht. Der Gaudibursch konnte wieder lachen.

Jägerin

Treffpunkt zu einer Fasanjagd am Rand vom Dachauer Moos. Ein prominenter Jagdgast, ich glaube mich zu erinnern, dass er ein Funktionär des Jagdverbands war, erschien als Letzter. In der Mitte der bereits im Halbkreis um den Jagdherrn gescharten Jäger stand meine Frau. Der Graubart ging die Reihe entlang und begrüßte jovial alle Herren mit Handschlag und ein paar freundlichen Worten. Meine Frau überging er, als wäre sie Luft. Die Reihe der Jäger war er durch, gerade dachte ich mir noch „was für ein ungezogner Lackel", da ging er zurück, und baute sich vor ihr auf. Er fixierte sie streng mit seinen wässrigen, rotgeäderten Augen und quetschte markig die Frauenhand mit seiner Riesenpranke. Mit der anderen schlug er ihr wie ein Bär auf die Schulter: „So, Bua, und jetzt kimmst du dro!"

Gelächter in der Runde.

Irritiert, etwas erbost fragte er: „Was gibt's denn da zu lachen?"

Die umstehenden Jäger klärten ihn auf, wessen Ehefrau er da als „Bua" angesprochen hatte. Meine Frau trug damals ihre Haare unterm Tegernseer nicht allzu lang, war jägerisch mit Bundhose und Lodenjoppe gekleidet, aber die junge, überaus hübsche Frau als Mannsbild anzuschauen, das war keine Empfehlung für seine Ansprech-Fähigkeiten.

Kopfschüttelnd kratzte sich der alte Jäger den Stoppelbart. Sein Weltbild war ins Wanken gekommen.

„Sakra! A Weiberleit auf der Jagd – wo gibt's denn so was?"

Und noch eine, heute unglaubliche, Begebenheit aus jenen, noch gar nicht so weit zurückliegenden Jahren: Ich wollte meiner Frau eine Freude mit einem Gamsabschuss in ihren Allgäuer Heimatbergen machen. In dem Revier, in dem sie ihre Kindheit verbracht hatte.

Der Verwalter des Wittelsbacher Reviers im Hintersteiner Tal war sichtlich erfreut, als ich um einen Abschuss anfragte.

„Aber bitte, gern. Nehmen Sie doch Platz! Soll's ein Bock sein oder eine Geiß?"

„Ich glaube, dass meine Frau sich über einen Bartbock in der Brunft sehr freuen würde."

Da hob es den alten Hagestolz vor Schreck vom Hocker.

„Eine Frau, um Gottes Willen nein, nein, das kann ich meinen Berufsjägern niemals zumuten! Das geht auf gar keinen Fall!"

Auf meinen Einwand, dass doch die Jagdherrin, Prinzessin Hella von Bayern selbst hier in diesem Revier passioniert in Begleitung der Berufsjäger jage, wand er sich wie ein Wurm mit der Bemerkung, das sei doch ganz was anderes. Mit meiner mehr als deutlichen Antwort verscherzte ich mir jede weitere Anwartschaft auf irgendwelche Jagdmöglichkeiten in diesem zauberhaften Revier, in dem – nebenbei bemerkt – der Onkel meiner Frau ein Leben lang Berufsjäger bei den Wittelsbachern gewesen war.

Zum Glück hat sich dieses patriarchalische Denken total gewandelt, doch von ein paar Nachwehen in späteren Jahren möchte ich hier erzählen.

In unserem knapp 1.000 Hektar großen Niederwildrevier gab's genug Rehböcke. Doch wenn man sich Pacht und Ernte mit einem Partner teilen muss, der, wenn's ihm passte, gemeinsam beschlossene Abmachungen zu gern vergaß, dann waren Konflikte schon vorprogrammiert. Und so musste ich den Mitpächter immer wieder sehr deutlich an die Abmachung erinnern, dass der- oder in ihrem Fall diejenige von uns dreien, die einen jagdbaren Bock für sich ausgemacht hatte, auch das miteinander beschlossene Vorrecht hatte, ihn zu erlegen.

So weit so gut. Das klappte auch meistens. Nur – wenn ein ganz Besonderer irgendwo seine heimliche Fährte zog, dann kam der

Augenblick der Wahrheit. Das war die unangenehme Kehrseite der grünen Medaille, die auf der Vorderseite so harmonisch glänzen konnte.

Schon im Mai – damals war noch Schonzeit – hatte die Jägerin einen Abnormen entdeckt. Der reizte sie über alle Maßen. Links hatte er nur einen kleinfingerhohen Spieß, doch rechts war die Stange etwas höher und wie ein Gamskrickel – oder besser – wie ein zur „Komm her!"-Geste gekrümmter Zeigefinger gewachsen.

Er stand nahe unserer südlichen Grenze zum Nachbarn Windshuber, dessen stattlicher Hof nicht weit davon gelegen ist. Nach Absprache mit ihm hatten wir dort vor einiger Zeit einen Hochstand, etwa hundert Meter von der Grenze entfernt, an eine frei stehende Eiche gebaut. Es war dafür die einzige Möglichkeit in dieser sonst, bis auf einen kurzen Erlenstreifen, deckungslosen Revierecke. Wir hatten mit all unseren Jagdnachbarn ein gutes Verhältnis und zudem Wildfolge vereinbart. Windshuber Sepp, wie er mit seinem Hofnamen hieß, begegnete uns eines Tages, als wir ins Revier fuhren. Ich sprach ihn auf diesen Bock an und bat, ihn, wenn möglich, zu schonen, da meine Frau ihn gerne erlegen würde. Lachend reichte ihr der Jagdnachbar die Hand zum Autofenster herein.

„Ja, Frau Meyden, da wünsch i dir Weidmannsheil, schau dass'd'n kriagst!"

Bei unseren Bauern ist das „Du" selbstverständlich, nur bei einer Frau, zumal der des Jagdherrn, da hatten sie eine sittsame Scheu, die konnten sie nicht einfach so mit dem Vornamen anreden.

Gut, den einen Mitbewerber hatten wir auf unserer Seite. Der andere, unser Partner, machte nur widerstrebend gute Miene zu dem Tabu, das ich aussprach, fragte aber sehr genau, wo der Bock denn stünde. Nun, zwar musste er das wissen, damit er nicht dort herumgeisterte, aber irgendwie war uns, nach bisherigen trüben Erfahrungen, nicht so recht wohl bei seinen gezielten Fragen. Meine Frau beschloss, gleich Anfang Juni zum damals heiß erwarteten Beginn der Bockjagd allen dunklen Absichten, sollte er diese hegen, zuvorzukommen. Wussten wir doch, dass er geradezu versessen auf abnorme Trophäen war.

Der 1. Juni fiel auf einen Montag. In der Früh kam sie nicht hinaus ins Revier, die Kinder mussten zur Schule gebracht werden, aber am Nachmittag wollte sie's zeitig probieren. Der Wetterbericht kündete Sturm und Regen an. Ganz egal, sie packte Hund – es war damals unsere legendäre Kurzhaarhündin „Cita“ – und die elegante Ferlacher Kipplaufbüchse, die wir für die Gamsjagd hatten bauen lassen, in den R4 und schnurrte los.

Das Wetter war noch tadellos, der Himmel strahlend blau, zwar ein wenig schwül, aber es war zu hoffen, es würde bis zum Abend halten. Der Blick von ihrer Leiter ging an der schmalen Erlenzeile vorbei, über weite Kornfelder und Wiesen gen Westen, von wo das angekündigte Unwetter kommen könnte. Im Süden, dort steigt das Gelände leicht an, lugten hinter alten Eichen die breiten Dächer vom Windshuber-Hof über die Wipfel. Die brave Cita lag unter der Leiter und rollte sich nach einiger Zeit wohlig zu einem Schlummer zusammen.

Die erste und die zweite Stunde schlichen dahin. Hin und wieder schreckte sie ein Fasangockel mit seinem Balzruf und prahlendem Flügelgeprassel auf. Weit in der Ferne eine Rehgeiß. Kein Bock, kein Kitz dabei.

Plötzlich schreckte sie Donnergrollen! Als sie sich umdrehte, sah sie von Südost eine dunkle Wolkenwand heraufwachsen. Hoffentlich zieht's südlich vorbei! Aber das Grollen kam allzu schnell näher, erste Blitze zuckten grell aus dem Gewölk. Rauschender Vorgewitterwind brauste in drohenden Böen durch die Baumkronen und trieb losgerissene Blätter wie fliehende Vögel vor sich her. Es war wie im 4. Satz der „Pastorale“, der 6. Symphonie von Beethoven. Ein Krach, ein flammender Feuerstrahl nach dem anderen. Jetzt zählte sie die Abstände von Blitz zu Donnerschlag. Wie lange noch, bis der Rumpelwagen heran ist? Wenn's zu brenzlig würde, wollte sie die Flucht ergreifen.

Der Wettergott war mit ihr. Die Gefahr zog wie die wilde Jagd im Süden vorbei und friedlich hätte nun das beethovensche

Knalleffekt

Das Reich des Abnormen

Jägerin

Der „ungerade Zehner“

Terrier

Silva und die alte Geiß

Allegretto erklingen können. Stattdessen trat der Gesuchte auf den Plan. Wie hingezaubert, wie aus dem Boden gewachsen, stand er da. Einen knappen Kugelschuss entfernt zog er vom schützenden Erlensaum in den Klee hinaus. Der Schuss von sicherer Auflage war, trotz jählings aufkommendem Jagdfieber, keine Kunst. Doch was war das? Ohne zu zeichnen, sprang er in vollem Karacho wie gesund ab, in Richtung Grenze. Fassungslos blickte sie ihm nach. Doch kurz vor dem trennenden, auf einem Hügel stehenden Buschstreifen überschlug er sich wie ein Hase und rührte keinen Lauf mehr.

„Puh!“ Aufschnaufen!

Ein Fehlschuss – dachte sie – das wär’ Wasser auf die Spott-Mühle des unfehlbaren Herrn Mitpächter.

Diese verflixte superschnelle 6,5 x 68 R! Die fuhr durch geringes Wild hindurch, als wär’s Pudding und brachte kein rasches Verenden. Das war eines der vielen Ärgernisse mit dieser Büchse. Wir haben uns bald von ihr getrennt, nachdem ein Hirsch mit drei Kammerschüssen noch nicht fallen wollte. Diese allgemein viel bewunderte Waffe war irgendwie verhext. Bildschön, aber tückisch. Trotz bester Auflage und ruhigem Zielen gingen die Kugeln oftmals unerklärbar ins Blaue. Beim Büchsenmacher jedoch schoss sie Loch in Loch, wie gestanzt. Nicht allzu schweren Herzens habe ich mich also von ihr getrennt. Der befreundete Büchsenmacher Zeitler in Bad Ischl nahm sie in Zahlung und ich erwarb von ihm die Büchse aller Büchsen, die mich bis heute nie enttäuscht oder im Stich gelassen hat, meine heiß geliebte Scheiring.

Nach einer Viertelstunde Wartezeit ging die Jägerin hinauf zum Bock und begegnete unserem Jagdnachbarn Windshuber, der gerade zum Futterschneiden mit seinem Bulldog dahergetuckert kam.

„Weidmannsheil, Frau Meyden, i hab dein’n Schuss scho g’hert!“

Er freute sich mit ihr und holte sogar von einer nahen Erle die Brüche für Wild und Erlegerin.

Sie brach den Bock dort auf dem Hügel auf, legte Cita neben ihm ab und ging das Auto holen. Dass die erfahrene und bewährte Hündin sich an Bock oder Jägerrecht vergreifen könnte, das war absurd, undenkbar. Als meine Frau den Bock dann in die Wildwanne verlud, fiel ihr der linke Lauscher auf. Da hatte die Hündin sich doch die Spitze davon abgeknabbert. Was geht da in einem Hund vor? Es liegen Herz, Leber, Nieren fein sauber zum Auskühlen neben dem Wild. Nein – Lauscher muss es sein! Nie zuvor, nie hernach hat sie je ein Wild angeschnitten. Da soll einer schlau werden.

Nun, dieser Weidmann freute sich ehrlich mit ihr und auch unser Partner ließ sich keine Missgunst ansehen. Ich hörte nur was von „na ja, kleines Weiberböckerl!"

Ganz anders war's ein paar Jahre später. In einem Waldstück im Herzen des Reviers zog ein wahrer Kapitalbock seine Fährte. Solch einen hatte man hier noch nie gesehen. Meine Frau hatte ihn als Erste entdeckt. Gemeinsam wurde beschlossen, dass unser Freund Peter ihn erlegen solle. Zum Dank für unzählige Gamsjagd-Einladungen an uns Pächter. Also „tabu" für alle andern.

Peter kam, sah, bestaunte ihn von fern, aber konnte den Starken nicht bekommen. Unzählige Male saß er auf ihn an, immer tauchte der Bock woanders auf. Wie verhext. Und dann musste Peter für ein paar Wochen verreisen. Afrika rief. Bevor er abreiste, riet er, da unweit eine Straße mit häufigen Wildunfällen vorbeiführte, den Bock keinesfalls bis zu seiner Rückkehr im Herbst aufzuheben.

„Macht's unter euch aus, wer ihn schießt!", waren seine Abschiedsworte. Dabei blinzelte er meiner Frau zu, als wollte er sagen: „Halt dich dran, du hast ihn ja ausgemacht!"

Unser Partner jedoch dachte nicht im Entferntesten daran, mit uns nun darüber zu beraten, wer sollte – wer dürfte. Für ihn war's ein klarer Fall – der Ältere hat in allem das Vorrecht. Vergessen – wie in vielen vorhergegangenen Fällen – war unsere Abmachung. Und dass demnach der Bock für ihn immer noch „tabu" war.

Dafür hockte er Morgen für Morgen, Abend für Abend da, wo er ihn zuletzt gesehen hatte.

Hier war höchste Gefahr im Verzug. Da half keine weitere Diskussion. Gleich nach Peters Abreise – es war zu Beginn der Blattzeit – bezogen wir zwei benachbarte Hochsitze, in deren Nähe die Jägerin den Kapitalen erst kürzlich ausgemacht hatte.

Noch vorm ersten Büchsenlicht, der Wald stand noch schwarz und schläfrig in der Dämmerung, schlichen wir leise durchs taunasse Gras zu unseren jeweiligen Leitern. Der warme Nachtwind trug uns den Duft des reifen Korns zu. Es roch nach Brot.

Mir fiel in diesem Fall die Aufgabe des Beobachters zu. Die Hochsitze standen nur etwa 100 Meter voneinander entfernt, sodass ich einen ähnlichen Ausblick wie meine Nachbarin hatte. Wie ein Gürtel zieht sich eine 40 Meter breite Wiese um das große Waldstück, die „Maschenetz“. Jenseitig begrenzt sie eine Zeile hoher Erlen mit verschilftem Unterwuchs. Dahinter erstreckten sich im leicht ansteigenden Gelände weite, reifende Kornfelder. Als das Morgenlicht die Bühne langsam erhellte, erkannte ich im Weizen zwei Rehgestalten. Ein Bock, der seine Geiß trieb. War er’s? Noch war’s zu dämmrig, noch waren sie zu weit. Doch dann sah ich, als sie einmal im Liebesreigen innehielten, sein Haupt über die Ähren ragen. Das Spektiv zeigte mir einen Bock mit einem unglaublich starken Gehörn. Wie viele Enden? An der linken Stange konnte ich vier Enden deutlich erkennen. Doch es war mir, als sähe ich noch einen weiteren kleinen Zacken. Ich wurde nicht ganz schlau daraus. Sein Grind prahlte mit einer Krone, dass es meiner Frau, wie sie hernach sagte, „fast schwindlig wurde“. Als sie ihn vormals gesehen hatte, war sein Anblick durchaus erregend, aber jetzt wurde es ihr richtig bewusst: „Ich sollte, ich durfte ihn erlegen!“ Ihre Pulse rasten, das Herz klopfte zum Zerspringen. Auch mich packte der erregende Anblick. Wie er so im ersten Morgensonnenlicht verhoffend dastand – roter Bock im blonden Weizen – das war ein Anblick, der ähnlich wie „schwarzer Gamsbock im stäubenden Schnee“ zu den schönsten Bildern zählt.

Wenn er doch nur näher käme! Keuchend trieb er seine Geiß in Hexenringen, dass das Korn rauschte, doch sie kamen nie auf eine Stelle, wo das Getreide niedergedrückt war. Immer war nur seine unglaubliche, wunderbare Krone zu sehen. Warten! Durchschnaufen! Geduld! Ich hatte das gleiche Jagdfieber wie meine Frau, gleichsam, als sollte ich der Erleger sein.

Voller Tag war's geworden. Sommerhitze waberte. Die Mücken, die Bremsen wurden lästig. Das Liebespaar war verschwunden. Hatten sie sich niedergetan? Enttäuschung würgte. Die Zeit verging, die Stunden schlichen dahin. Noch wollten wir nicht aufgeben. Jetzt, in der Hochbrunft, konnte jederzeit Bewegung ins Geschehen kommen.

Ringeltauben flogen vom Wald ins reife Korn. Eine fahlgelbe Katze schlich am Feldrand dem Dorf zu. Langsam wurde ich schläfrig. Die Nacht war kurz gewesen und auf einmal war ich eingenickt. Wie das so ist beim Sekundenschlaf, blickte ich erwachend um mich und sah, hingezaubert wie ein Traumgebild', den hirschroten Bock auf der schmalen Wiese unweit vom Sitz meiner Frau stehen. Das hoch gekrönte Haupt gewendet, äugte er zurück zu den Kornfeldern.

Der Schuss hob ihn leicht an, er stürmte zum nahen Waldrand und war gleich im Unterwuchs von Holunder- und Haselnusssträuchern verschwunden. Das sah gut aus. Der Bock konnte nicht weit gekommen sein. Diesmal durfte sie sich ihrer Kugel sicher sein. Ihre geliebte Bockbüchsflinte mit der verlässlichen 7 x 57 R hatte noch nie betrogen.

Nach einigen für sie sicher viel zu langen Minuten baumte ich ab und ging zu ihr. Auf meine anfragende Geste winkte sie mich heran. Noch ganz im Bann des Erlebten konnte sie nur stockend berichten. Ein wenig wollte ich noch zuwarten, doch ich ließ mich zum Anschuss einweisen. Lungenschweiß! Alles paletti! Aber davon sagte ich ihr nichts. Ich wollte die Sache noch ein wenig spannender gestalten und so wiegte ich zweifelnd mein „weises Haupt“.

„Wir brauchen den Hund, kein Schweiß! Die Sache gefällt mir gar nicht!“

„Mach keine Witze, das kann doch nicht sein, ich bin doch gut abgekommen!“

Cita war mit mir, wortlos dockte ich den Schweißriemen ab.

Sicher ging’s auf der Fluchtfährte dahin und hinein in den Wald. Nach wenigen Metern durch Brennnesseln und Brombeerdornen wurde der Riemen schlaff. Ich hörte, wie die Hündin den längst Verendeten beutelte.

„Immer noch kein Schweiß, den hast du gefehlt, komm selber schauen!“

Mit zittrigen Knien kraxelte sie vom Hochsitz, kämpfte sich durchs Unterholz und stand unversehens vor ihrem lachenden Mann und einem Bock, ihrem Bock, ihrem unglaublich starken Bock, dem der Hund das Schussmal hinterm Blatt leckte.

Der Morgen war strahlend wie nie zuvor.

Wen’s interessiert, das Gwichtl des ungeraden Zehners bekam auf der Hegeschau die Goldmedaille, war das beste des Landkreises, der sowieso nie arm an starken Böcken war und ist.

Ein Wermutstropfen fiel nachträglich noch in den Freudentrunk. Unseren Partner wurmte es, dass jemand anderer, ausgerechnet eine Frau und nicht er, den stärksten Bock erlegt hatte. Dafür musste ein paar Tage später ein prachtvoller Sechser dran glauben – nur – dieser Zukunftsbock war kaum älter als zwei Jahre.

Der Terrier

Jeder Jäger kennt sie, die schneidigen, bis zur Selbstaufgabe zupackenden kleinen Hunde. Einmal Angriff, immer Angriff und nie aufgeben. Es gibt auch Menschen, die einen ganz ähnlichen Charakter haben. So einer war mein Jagdfreund Pit. Auf anderen Blättern habe ich schon von ihm erzählt und ich muss mich zurückhalten, dass nicht ein ganzes Buch aus den gemeinsamen, manchmal haarsträubenden Erlebnissen wird. Dickschädelig, wie er war, machte er dem Ruf des echten Westfalen alle Ehre. Seine Erscheinung machte dazu das Bild eines „Nordlichts" komplett, blond, blauäugig, lang aufgeschossen, aber dünn wie ein Hering, ein Hungerhaken, ein sogenannter „Knochengott". In Bayern heimisch geworden, wollte er natürlich auch Skifahren lernen, was ihm auch so einigermaßen gelang.

Seit Jahren, mal mit Familie, mal solo, war ich in dem damals noch recht ursprünglichen Ort Maria Alm im Salzburger Land ein oft gesehener Gast. Einige der Einheimischen kannte ich schon recht gut, besonders den Hüttenwirt Peter. Seine kleine Bergstation lag am Endpunkt eines Skilifts und ein Einkehrschwung war obligatorisch. Dabei sah ich anhand der an den Wänden hängenden Gamskrickl- und Rehgwichtl, dass hier ein Jäger daheim ist. So fanden sich zwei Gleichgesinnte und oft kam vor lauter Jagdgeschichten das Skifahren zu kurz.

Es blieb nicht aus, dass ich eines Tages auch Pit mitheraufschleifte. Wir hatten nach einem schönen Skitag guten Appetit und noch besseren Durst, also kehrten wir bei Peter ein. In der Gaststube saßen nur noch ein paar einheimische Burschen und Mädchen in fröhlicher Runde. Einer von ihnen war der Sohn unserer Pensionswirtin und er hatte Geburtstag. Wir mussten uns zu den Feiernden setzen und sofort wurden neue „Budeis“ mit Slibowitz aufgetischt. „Budeis“ sind kleine bauchige Schnapsgläschen, wie Mini-Karaffen, die ein enormes Fassungsvermögen haben. Wir ließen das Geburtstagskind hochleben, es wurden älplerische Lieder gesungen und immer wieder die durstigen Sängerkehlen befeuchtet.

Da außer der kleinen Feierrunde keine anderen Gäste mehr da waren, setzte sich der Hüttenwirt zu uns. Drei Jäger beisammen, da vergeht die Zeit wie im Flug. Uns ging der Gesprächsstoff nicht aus, wir fanden so viele Gemeinsamkeiten, dass mich Peter in höchster Feierlaune auf einen Gams in seiner kleinen Eigenjagd einlud. Ich sollte mich im Sommer melden und unbedingt meinen lustigen Freund Pit mitbringen.

Darüber war es draußen langsam dämmrig geworden. Ich musste nun meinen Begleiter von der fröhlichen Runde loseisen. Doch der „Terrier“ hatte sich festgebissen. Die Einheimischen unterstützten ihn auch noch mit „bleibt’s halt noch a wengei da!“. Sie versprachen, nachdem ich ihnen erklärt hatte, dass Pit noch ein Skianfänger sei, ihn gemeinsam langsam ins Tal „hinunterzubetteln“. Das klang beruhigend.

Der Lift stand längst still, es war inzwischen stockfinster geworden. Die jungen Leute drängten nun endlich auch zum Aufbruch.

„Nehmt’s uns ja mit!“, flehte ich sie an.

„Aber freile“, kam’s beruhigend zurück.

Draußen wurden die Skier angeschnallt, noch ein Blick ins Tal und mit einem Juhschrei war die ganze Bande in die Dunkelheit davongerauscht. Wir zwei standen mit dummen Gesichtern allein in der Schneenacht.

Mühsam half ich meiner „schwankenden Gestalt“ in die Skibindung. Den ständig neu gefüllten „Budeis“ hatte der liebe Freund nicht widerstehen können. So, und nun kam das Problem mit der Finsternis. Wo war die Piste? Im Streulicht der Hütte sah man zwar deren ersten Verlauf, doch dann? Wo ging’s weiter? Am besten, fand ich, war es, den Stützen der Lifttrasse zu folgen, da konnten wir uns nicht verirren. Nur lag da tief und wattig weich der Tiefschnee.

Nach den ersten 20 Metern lag Pit schon lang, die Bindung war auch aufgegangen. Er lachte nur selig und fand das Schneebett herrlich kuschelig. Ich grub ihn aus dem Schnee, putzte die Skibindungen schneefrei und stellte ihn wieder auf die Bretter. So ging das vier-, fünfmal. Immer wälzte er sich wohlig im Schnee mit den Worten „ich find's heeerlich!".

Längst war ich stocknüchtern geworden. Dazu schweißgebadet vom Pit-Ausgraben, Aufrichten, Schneeabputzen und Skianschnallen, auch der eigenen, denn die musste ich bei den Aktionen ja ebenfalls abschnallen. Irgendwann war's dann, etwa nach dem zehnten Mal, so weit, dass er mich, immer noch lachend, bat: „Lass mich hier liegen, ich find's heeerlich!" Da packte mich die rot lodernde Wut. Ich schäme mich nicht, zu gestehen, dass ich ihm mit den Skistecken ein paar überaus kräftige Jagdhiebe überzog. Das ernüchterte ihn, das fand er nicht mehr „heeerlich", aber das rettete ihn. Seine Skier packte ich mir nun auf den Buckel und ließ ihn zu Fuß meiner Spur folgen.

Die Skiabfahrt von der Hütte bis ins Tal dauert bei gemütlicher Fahrt etwa eine Viertelstunde. Wir brauchten fast zwei Stunden, bis wir endlich an der Talstation nahe der Straße ankamen. Dort schmiss ich wütend seine Bretter hin: „So, jetzt kannst es wieder selber tragen!" Wortlos klaubte er die Skier auf, sah noch Licht in der nahegelegenen Wirtschaft, und „schwupps", schon war er darin verschwunden.

Erleichtert um Bürde und Verantwortung trabte ich mit meinen schweren Skistiefeln auf der Dorfstraße heim zu meiner Pension.

… Erst im Oktober kam ich dazu, der lieben Gamsjagd-Einladung von Peter zu folgen. Es hatte schon eine dünne Schneedecke hergeworfen, so recht zu stimmungsvollem Jagen; „schwarz auf weiß". Mein „Terrier" war natürlich mit dabei, das ganze Jahr hatte er sich schon darauf gefreut. Ich vergaß zu erwähnen, dass er selbst auch einen Jagdterrier führte, ganz nach dem Motto

„Gleich und Gleich gesellt sich gern". Das hat sicher die beiderseitigen Eigenschaften verstärkt. Seine „Gitta" meinte nämlich, sie würde mit allem, auch dem Riesenschnauzer meiner Frau, leicht fertig werden. Der souveräne große Hund beachtete die Anrempeleien der Terrierhündin anfangs nicht. Doch irgendwann riss auch unserer „Sascha" der Geduldsfaden. Sie schnappte sich den kleinen Zänker in der Mitte und biss zu. Ohne zu schütteln – zum Glück. Nur, wie in einem Schraubstock wurde der Druck immer größer, bis dem Terrier Luft und Licht auszugehen drohte. Wir haben ihn im letzten Moment gerettet. Doch selbst mit einem Riss, hinter dem man die rosige Lunge sah, wollte die kleine Hündin nicht aufgeben und dem Riesenschnauzer erneut mit letzter Kraft an den Pelz. In der Tierklinik flickte man Gitta zusammen und als sie nach drei Wochen wieder bei uns Sascha zu fassen bekam – siehe oben! So viel zum Thema Terrier …

Peter hatte schon einen Gamsbock für mich ausgeguckt. Oberhalb seiner Hütte hatte er ihn schon mehrfach gesehen. Immer stand er allein, nicht wie die „Halbstarken" in den kleinen Bockrudeln, sondern schon seit dem Sommer immer abseits. Das ließ auf ein reiferes Semester schließen. Was anfangs so einfach ausgesehen hatte, erwies sich als schwierig. Das war mir jedoch mehr als recht. Ankommen, am selben Tag bereits ein bestätigtes Wild erlegen? Manchmal geht's halt so, doch dann ist ja alles schon vorbei. Irgendwie schmeckte es mir auch nicht, den „Hausbock" zu erschießen. Wenn man Gast ist, darf man allerdings nicht zu g'schleckig sein.

Das Wetter hätte nicht besser sein können. In den Tagen vorher hatte es „a kloans Schneeberl g'schneibt". „Mausknietief", wie Pit sagte. Grad recht zum Jagen auf schwarz in weiß.

Der Bock, als hätte er es geahnt, blieb verschwunden. Jeden Tag, sagte Peter, sei er da droben bei dem großen Felsbrocken gestanden. Der Abendansitz und der am nächsten Morgen brachte keinen Anblick. Wir gingen nun auf die Pirsch. Zu dritt stiegen wir hinauf in die freien Kare. Hier hatten wir herrlichen Ausblick auf die Loferer Steinberge, bis weit hinein in die Salzburger Bergwelt. Pit war ein bewährter und sicherer Berggänger, schon mehrmals hatte ich ihn dabei, als es zum Gamsjagern in den Lungau ging. Anders ging mein gescheiterter Versuch mit einem Jagdfreund aus, der ebenfalls aus Westfalen stammte. Da war ich froh über meinen Schweißriemen, mit dem ich den nicht Schwindelfreien anhängen und ihm so Sicherheit und Mut geben konnte. Dessen große Stunde hinwiederum kam dann auf der Nordsee bei einem Segeltörn, als ich ihm Hab und Gut und Seligkeit versprach, wenn ich nur wieder an Land könnte.

Am späten Vormittag waren wir zu einem kleinen Hochkessel aufgestiegen. Da droben, sagte Peter, habe er ein kleines Hütterl. Von dort aus könnten wir ein wenig spekulieren. Die Sonne meinte es an jenem Tag gut mit uns und die dünne Schneedecke schmolz zusehends dahin. Bei der Wärme, dachte ich, werden wir Probleme mit den Gams haben, zu warm – das lieben sie nicht, vor allem jetzt, im vollen Winterhaar.

Vor der Hütte ließen wir uns nieder. Aus guter Deckung lugten wir in das breite, flache Kar, es lag einen guten Kugelschuss weit vor uns. Langsam verstummten unsere Gespräche, wohlig warm war's hier im sonnigen Windschatten. Silva, mein Schweißhund, lag ausgestreckt im dichten Herbstgras. Ganz schläfrig wurde ich beim ständigen „tropf, tropf, tropf" vom tauenden Schnee auf dem Dach. Die Augen fielen mir zu. Plötzlich hörte ich Peter murmeln: „Jetzt kemmens!" Im Nu war ich hellwach.

Da standen Gams am jenseitigen Rande des Kars. Die Linsen unserer Gläser kamen nicht von den Augen. Zwar war kein Bock bei ihnen, aber eine der drei Geißen war älteren Jahrgangs und mit ihrer atemberaubend hohen Krucke mehr als begehrenswert. Doch bei den Gams waren auch zwei Kitze. Zu welcher Geiß mochten sie gehören? Wir wurden nicht schlau – wer zu wem? Die beiden Heurigen standen mal bei der einen, mal bei der anderen Geiß. Aber plötzlich, als ich vom Spektiv aufblickte, sah ich einen Steinadler über den Grat herüberschweben. Sofort drückten sich die Kitze ängstlich an ihre Mütter. Und – o Glück, die Starke, die ein wenig abseits stand, blieb allein.

Von der Hütte aus hinüberzuschießen, das war zu weit. Ich musste näher heran. Meine zwei Peter ließ ich samt Hund zurück. Geduckt, immer die Deckung von Felsbrocken ausnutzend, kam ich auf gute Schussentfernung heran. Wo stand sie nun? Wo waren die Gams? Ich blickte zu den Kameraden zurück, sie bedeuteten mir, dass die ganze Gesellschaft inzwischen höher hinaufgezogen war. Jetzt sah ich sie wieder. Es war zwar weit, doch näher konnte ich nicht heran. Die Geiß mit ihren unglaublich hohen Krucken war gar nicht zu verwechseln, da brauchte ich nicht mehr lange zu suchen und zu sortieren. Die Auflage für die Kipplaufbüchse war ideal und bevor mich das Jagdfieber noch mehr beuteln konnte, brach ruhig der hochblatt gezielte Schuss. Den hatte sie nicht mehr vernommen. Da, wo sie gestanden hatte, lag sie nun erloschen da. Wilde Freude packte mich. Ich konnte mein Glück nicht fassen. Statt dem „Hausbock“ eine so kapitale Geiß!

Die anderen Gams waren ohne Panik weitergezogen. Ein paar mir viel zu lange Minuten musste ich ihnen Zeit lassen, bis ich hinübergehen konnte. Dann kniete ich nieder, strich über den seidenglänzenden, lang behaarten Rücken. Die Zügel waren schon reichlich grau und verwaschen. Noch wollte ich die Jahresringe nicht zählen. Sie war sehr alt, ohne Kitz, vielleicht sogar gelt – und wirklich kapital. Das genügte mir.

Die Freunde ließen mir eine gute Weile, bis sie mit meinem Hund am Riemen herüberkamen. Nachdem sie mir fast die Hand zerquetscht hatten, bat mich Peter, sie noch nicht aufzubrechen. Er wollte noch den „Goasbart“ rupfen. Die Alte hatte tatsächlich ein beachtliches „Bartl“ entlang des Ziemers. Und dann zählte Peter achtzehn volle Jahre. Selten war eine Freude so vollkommen.

Zum Abstieg packte er die Vollfeiste so mühelos auf den Rücken, als wär’s ein Schneehase. Ich ließ ihn sie gern tragen. Hinter ihm, dem kleinen, sehnigen „Bergler“ gehend, konnte ich mich an dem Anblick nicht sattsehen.

Drunten an seiner Bergstation tischte er auf, was noch an haltbaren Dingen in der Küche verblieben war. Noch war keine Skisaison, noch war das Haus nicht bewirtschaftet. Leider konnte er meine Einladung zum Abend, drunten im Gasthaus, nicht wahrnehmen, eine Versammlung der Almbauern konnte er nicht schwänzen, vielleicht würde er zu später Stunde noch nach uns schauen.

Die Stube im Gasthof war zu der Jahreszeit noch leer von Touristen, wir zwei waren die einzigen Fremden, die in einer Ecke Platz nahmen. Am Stammtisch saßen ein paar ältere Männer, vom Saal her hörte man Volksmusik und rhythmisches Stampfen. Sicher eine Probe für eine Aufführung.

Wie ließen es uns gut gehen bei Speis und Trank, Grund genug war ja vorhanden. Zu späterer Stunde kam aus dem Saal her eine Gruppe von Mädchen und Burschen. Alle in Tracht. Sie hatten eine Schuhplattler- und Volkstanz-Probe. Unter den Burschen waren viele, die ich seit Langem kannte, auch einige, die im Vorjahr oben auf Peters Hütte dabei gewesen waren. Sie alle aber überragte eine Hünengestalt. Ein blondbärtiger Riese – Vinzenz, der Schmied. Auch ihn kannte ich schon recht gut, da er im Winter der Skilehrer der Kindergruppe unserer kleinen Tochter gewesen war.

Freudige Begrüßung und Glückwünsche, als die Burschen von meinem Weidmannsheil hörten. Sie setzten sich an einen der großen Tische gegenüber von uns. Vinzenz kam mit einer wunderschön gestickten Lederhose in der Hand an unseren Tisch. Diese Hände sind es wert, erwähnt zu werden. Zu solch riesigen Händen sagt man in Altbayern ehrfürchtig: „Händ' wie Abortdeckel."

„War de Hosn nix für di?", fragte er mich.

„O mei, Vinz, die is für mi vui' z' groß! Schad, dank dir recht sche, aber i hab eh scho drei Paar Kurze."

Er packte mit „nix für unguat" die Lederhose wieder unter den Arm und ging zu seinem Tisch. Dabei hängte er die Hose über seine Stuhllehne.

Wir saßen noch eine ganze Weile bei Tabak und Bier, aber der Tag war lang gewesen und ich war rechtschaffen müde. Ich zahlte, winkte den Schuhplattlern zu, nahm meinen Hund an die Leine und verließ mit Pit das Wirtshaus.

Kaum waren wir draußen, da schwenkte Pit fröhlich die Lederhose von Vinzenz und rief mir triumphierend zu: „Schau, die hab' i ihm geklaut!"

„Bist du wahnsinnig gew…?" Ich konnte den Satz nicht zu Ende bringen, da flog die Tür des Gasthauses auf. Heraus platzten die Plattler, allen voran Vinzenz, der Schmied.

Mit drei Sätzen war er bei uns, schnappte sich Pit mit einer Hand bei der Brust. Wie eine Stoffpuppe hob er den zappelnden Hosendieb mühelos vom Boden. Er hielt ihn mit ausgestrecktem Arm hoch und die andere Hand hielt er zu einer gewaltigen Faust geballt Pit vors Gesicht.

„Kennscht du diese Knoschpe?" Vor Wut zischte er. „Wenn die aufgeht, gehst du unter!"

Mein Terrier aber, zappelnd in der Luft schwebend, war keineswegs besiegt. Er keifte, krakeelte, beschimpfte den Riesen und hätte, wäre er ein echter Terrier gewesen, auch noch zugebissen.

Vinzenz, voller Wut, schüttelte ihn, dass der Kopf von Pit hin und her pendelte. Jetzt musste ich eingreifen. Das würde bös' enden. Ich gab einem der Umstehenden meine tobende Hündin, die ja ihr geliebtes Rudelmitglied verteidigen wollte, zum Halten und sprang zwischen die beiden.

Mir muss wohl in dieser Situation ein Engel zur Seite gestanden haben, der mich mit den oft erwähnten „Engelszungen" reden ließ. Ich weiß auch nicht mehr genau, was ich dem wütenden Schmied alles sagte. Ich weiß nur, dass ich ihn bei seiner Ehre packte, indem ich ihm beibrachte, dass es für ihn kein Ruhmesblatt sei, wenn er so ein „Krischperl" zusammenschlagen würde. Lustlos geworden warf er den strampelnden Pit wie einen nassen Sack mit einer lässigen Armbewegung in den Rasen vor dem Haus, schnappte seine Lederhose, winkte den Kameraden und alle verschwanden wieder im Wirtshaus. Mein Pit aber wollte hinterdrein, wollte den Bären nochmals reizen. Mit Mühe und abermaligen „Engelszungen“ brachte ich meinen Terrier vom Tatort weg.

„Weißt du Wahnsinniger eigentlich, was einem Älpler die Lederhose bedeutet? Ich glaub’, du bist vom blauen Affen gebissen. Die Kurze ist wie ein Heiligtum, die darfst du ungefragt nicht einmal anlangen.“

Ich bin dann nochmals in die Wirtschaft hinein und habe den Burschen ein paar Maß Bier bezahlt. Ich sagte, es sei wegen meiner Jagdbeute, denn sie sollten nicht merken, wie froh ich über den weiß Gott glimpflichen Ausgang war.

Pit hat es nie eingesehen. Er war sich seiner Gefahr nie bewusst. Im Nachhinein prahlte er auch noch: „Ich fand’s heeerlich!“

Bergschuh-Rührei

Haben Sie Interesse an dem Rezept? Sie haben Recht, es klingt nicht sehr verlockend; diese Zutaten sind ungewöhnlich. Ich kann Ihnen aber versichern, dass es unter den folgenden Umständen, von einer fantasievollen Köchin zubereitet, ganz vorzüglich schmeckt. Am besten lesen Sie, wie es dazu kam. Meine Frau hat es aufgezeichnet:

Immer wenn ich mit meinem Mann, von der Passhöhe Obertauern kommend, hinunter in den Lungau zum Gamsjagern fuhr, eröffnete sich der Blick ins Gelobte Land. Im Süden grüßten die Nockberge und im Osten lag hinter schroffen Bergkämmen unser Ziel, das Lignitztal, ein Platz voller Erinnerungen an wunderbare, jägerische Begebenheiten.

Diesmal waren wir zu dritt. Ein Freund aus meinen Allgäuer Heimatbergen war dabei. Selbst zwar kein Jäger, war er aber ein bergerfahrener, natur- und jagdbegeisterter Begleiter. Da er keine Jagdausrüstung zu tragen hatte, erbot er sich als Träger, als „Sherpa", wie er sagte. Dafür bekam er den Namen „Sherpa Ginseng" in Anlehnung an den berühmten „Sherpa Tensing", der ihm zeitlebens blieb. Viele unser Jagdfreunde daheim, denn da fungierte er oft als Treiber, kannten seinen wahren Namen gar nicht. Für alle war er einfach „der Ginseng".

Bald lagen Passhöhe und die Ortschaft Tweng hinter uns. Ein Schild: „EIER, GOCKERL" an einem Bauernhof neben der Straße ließ mich „halt, stopp!" rufen. „Halt an, wir müssen zurück!"

Mein Mann schaute mich erschrocken an: „Was ist los, haben wir was vergessen?"

„Nein, nein, alles o. k., aber da beim Bauern gibt's Eier, die werden wir auf der Hütte gut brauchen." Wir hatten zwar reichlich Proviant für eine Woche und drei Personen, aber 12 Eier waren doch sehr willkommen.

In Maria Pfarr dann wie immer der Antrittsbesuch beim Jagdleiter, dem Tierarzt Dr. Noggler, wo wir die notwendigen Informationen erhielten. Seine alte Villa mit dem beeindruckenden Treppenaufgang, dessen Wände mit Präparaten von Mankei, Großem und Kleinem Hahn sowie unzähligen Gamstrophäen bedeckt waren, ist mir unvergessen. Da blickten einen aus dem Bau kriechende Murmelbären an, bevor man ins Ordinationszimmer kam, wo in gläsernen Regalen ungeheure Injektionsspritzen neben anderen abenteuerlichen Veterinär-Instrumenten lagerten.

Der liebe alte Herr wies uns diesmal einen anderen Jagdbezirk zu. Nicht wie bisher auf der Höhe, dem Granitzl mit seiner bequem zu erreichenden Hütte, sondern wir sollten vom hinteren Tal aus jagern. Dort könnten wir auf dem „Moxn-Hüttl" hausen, das auf halber Höhe über dem Talboden lag. Mein Mann würde es ja schon kennen, er sei ja schon einmal zum Spielhahnjagern dort gewesen. Als Pirschführer würde uns Sepp, der Sohn von Berufsjäger Hans, begleiten. Der sei schon informiert, würde aber erst am nächsten Tag zu uns stoßen. Derweil könnten wir uns ja auf dem Hütterl einrichten.

Bald lagen auf unserer Fahrt ins Lignitztal die kleinen Weiler und Gehöfte hinter uns und das schmale Tal öffnete sich, begrenzt von schroffen, felsigen Hängen, die teilweise nur im unteren Teil bejagbar waren. Vom Weg aus konnte man die kleine Hütte nicht sehen, sie lag verdeckt von Lärchen und Fichten etwa 100 Höhenmeter über dem Talboden. Als mein Mann sich sicher wähnte, den Einstieg zum Pfad hinauf gefunden zu haben, ließen wir unser Auto stehen und beluden uns und den „Sherpa Ginseng" mit unseren „sieben Zwetschgen". Ich wunderte mich über den riesigen Rucksack von „Ginseng" und hatte fast ein schlechtes Gewissen, dass wir ihm zu viel aufgeladen hatten. Ein Problem waren aber jetzt die Eier. Wie konnten wir die transportieren, ohne sie zu zerbrechen? Da kam mir eine „glänzende“ Idee. Wir waren ja mit leichten Bergschuhen unterwegs und hatten die festeren Bergstiefel an den Schuhbandln über die Schultern gehängt, weil Ginsengs „Bucklsack“ bereits übervoll war. Diese schweren Schuhe hatten wir zusätzlich für anspruchsvolleres Gelände, das uns erwartete, mit. Dort hinein füllte ich nun sorgfältig Ei um Ei. Oben drauf, als Polsterung und damit sie nicht herausfallen konnten, noch die Reservesocken gepackt. So – jetzt konnte nichts mehr schiefgehen.

Gleich nachdem wir den Fahrweg verlassen hatten, mussten wir, auf einem Baumstamm balancierend, den Lignitzbach überqueren. Und dann, am jenseitigen Ufer – da war der vermeintliche Pfad zur Hütte nach wenigen Schritten zu Ende. Und mein Ehegespons mit seinem Latein … Wo war jetzt der Steig? Er war sich sicher, wenn wir, den Hang querend, allmählich in die Höhe stiegen, dann würde die Hütte sich schon zeigen. Nun, das tat sie auch. Aber erst nachdem wir ein widerspenstiges Latschenfeld, ständig stolpernd und uns mit den von den Schultern baumelnden Bergschuhen verfangend, durchkämpft hatten. Hubertus sei Dank – da stand die kleine, im Laufe der Jahre etwas talwärts gerutschte Jagdhütte. Die Eingangstür war über eine Art Balkon zu erreichen, weil der Bau zur Talseite hin schon über den abschüssigen Hang hinausragte. Etwa zwanzig Schritte rechter Hand gluckerte eine klare Quelle aus dem Gefels. Mein Mann sagte mir, wir hätten heuer Glück, denn in regenarmen Jahren sei sie versiegt und man muss dann für jeden Tropfen Wasser bis zum Talgrund an die Lignitz absteigen. Linker Hand von der Hütte stand das so wichtige kleine Häuserl mit dem Herzen in der Tür. Es hieß, man sei gut beraten, beim Gang auf den „stillen Ort“ ein Fernglas mitzunehmen, denn man könne dabei gut den Gegenhang abglasen und schon mal ein passendes Wild ausmachen.

Wie ich dies gerade niederschreibe, fällt mir eine „Herz-Häusl“-Geschichte aus unserem heimatlichen Niederwildrevier ein:

Unser Jagdhaus war das leer stehende, ehemalige Haus vom Kronseder Bauern. Der Sohn hatte die kleine Landwirtschaft verpachtet und sich nun nebenan ein modernes, ziemlich nüchternes Reihenhaus hingestellt. Doch der alte Kronseder schlich noch immer nach alter Gewohnheit ein wenig trübsinnig um sein altes Anwesen. Wir hatten die Vermutung, dass er sich auch von seinem altmodischen Herzl-Häuserl nicht trennen konnte, denn das Papier, das für unsere Zwecke dort lag, ging verdächtig schnell zu Ende. Verbieten konnten wir ihm den Zutritt natürlich nicht. Um das Innere ein wenig zu verschönern, nahm mein Mann Pinsel und Farbe zur Hand und malte die Sitzfläche, da gerade keine andere Farbe greifbar war, dick und üppig mit rotem Lack an. Kaum war die Arbeit getan, wir saßen gerade bei der Brotzeit, da passierte es. Grausige Flüche, wüstes Geschimpfe lockten uns vor die Tür. Da bot sich uns ein toller Anblick. Mit heruntergelassenen Hosen und blankem „Spiegel" stand der Alte vor der geöffneten Herzltür. Sein Hintern war lackrot umrahmt wie bei einem Pavian. Ein unglaublicher Auftritt. Wir bogen uns vor Lachen. Wutentbrannt schüttelte er die Faust: „Kreizhimmisakra, Saubande varreckte! Lacht's net so bleed!"

Seit diesem Tag mied er sein altvertrautes, jetzt total entweihtes Häusl. Mein Mann musste aber alles noch einmal nachstreichen. Denn – es gibt nicht nur Fingerabdrücke.

Nun aber zurück ins „Moxn-Hütterl".

Selbst für eine kurze Abendpirsch war es an dem Tag zu spät. Es dämmerte bereits, der Septembertag ging zur Neige. So richteten wir uns in aller Ruhe ein. Als Erstes wurden die „Fressalien" versorgt und dazu gehörten in erster Linie die Eier. Aber – o Graus, o Finsternis! Jetzt kam die böse Überraschung. Durch unseren Kampf durchs „Gedax" waren fast alle zerbrochen und zu einer klebrigen Masse zusammengelaufen. Anfangs machten wir dumme Gesichter, so „wie's Schwaiberl, wanns blitzt". Doch dann siegte unser Humor, wir beschlossen, da es schließlich unsere eigenen Schuhe waren, vor denen es uns nicht grauste, Rührei aus dem Schlaaz zu machen. Der Bergstiefelbrei wurde einfach in die Pfanne gekippt, die Schalen herausgefischt – fertig. Mein Mann holte Almschnittlauch, der in der Nähe wuchs, dazu wilden Oregano. Es wurde eine Riesenpfanne, die Reste langten sogar noch fürs Frühstück. Ginseng zauberte aus seinem gewaltigen Rucksack zwei Doppelliter Zweigelt und zu unserer großen, freudigen Überraschung – eine Zither. Aha, darum hatte er einen solch gewaltigen „Binkel" zu tragen gehabt.

Es wurde ein langer, fröhlicher Abend, und da der erste Urlaubstag immer seine besonderen Gefahren hat, auch ein recht feuchter. Die leicht abgerutschte Hütte mit ihrem talwärts geneigten Boden gab auch dem Wein in unseren Bechern eine schräge Oberfläche. Wir sangen nun mit Zitherbegleitung die schönen Lieder „Gamserl schiassen is mei Freid", „Dirndl mach auf, oder kennst mi nit", „Von der hohen Alm, auf die Niederalm" und viele andere mehr, bis relativ viel Luft in der Flasche war.

Am frühen Morgen, eigentlich grausam zu früh, weckte uns das warnende Gebell unserer Cita. Sepp kam. Die eiskalte Morgenwäsche in der nahen Quelle weckte meine etwas „verzweigelten" Lebensgeister. Nochmals gab's Rührei – diesmal kalt.

Unsere Pirschpläne teilten uns in zwei Gruppen. Sepp, ich kannte ihn schon vom Vorjahr, wollte mich auf der gegenüberliegenden Bergseite zu einem Erfolg versprechenden Platz führen, während mein Mann herüben, mit Ginseng, weiter Höhe gewinnend, bis zum Blobberling – einem Hochkessel – aufsteigen wollte.

Zunächst ging's wieder hinab ins Tal und drüben wieder steil bergan in einem gemein abschüssigen Graben mit rutschigem Lahnergras. Er hatte den schönen Namen „Wöidschwoaf", also Weltschweif. Lang und steil ragte er in die Höhe. Da war ich froh über meine schweren, nun auch einmal von innen gewaschenen Bergschuh' mit den Griffeisen an Spitze und Ferse. Nach anderthalbstündigem Aufstieg waren wir aus der Lawinenrinne heraus und vor uns öffnete sich eine breite, leicht geneigte Fläche. Hier wollten wir sitzen bleiben und schauen, was sich tun würde. Mein gelinder „Höhenrauch" war durch den „gachen" Aufstieg längst verflogen. Wohlig ließ ich mir von der milden Herbstsonne den verschwitzten Hemdrücken trocknen. Mit dem Glas suchte ich die Hänge ab. Weit in der Runde war kein Wild zu sehen. Die beiden Gefährten am Gegenhang waren auch nicht zu entdecken. War es den Gams schon zu warm? Ich wurde ein wenig schläfrig.

Da steinelte es über uns. Sepp stupfte mich mit dem Bergstecken an: „Gib acht!" Der Wind ging stetig bergan, das war gefährlich. Ein einzelner Gams zog langsam, links, weit über uns auf die freie Fläche. Nein, Wind konnte er noch nicht haben. Das Stück war völlig vertraut. Es war allein, kein Kitz weit und breit, daher nahm ich an, es sei ein Bock. Doch der Blick durchs Spektiv ließ eher eine Geiß vermuten. Die Hakel, die dünnen Schläuche, das war eine Geiß. Lange schaute Sepp hinauf. Dann drehte er sich zu mir: „A Goas, an oite obendrein, i glab de passt, wos denkst?"

Welche Frage! Ich richtete meinen Rucksack vor mir her und visierte hinauf. Das war weit. Das war steil bergauf. Aber ich kannte meine brave Bockbüchsflinte mit der verlässlichen Kugel zu gut, um hier kein Wagnis einzugehen. „Halt hoch an!", riet der brave Sepp. Doch von diesem Fehler hatte mein Mann mir zu oft abgeraten. Tiefblatt stand das Fadenkreuz, als der Schuss fiel. Wie vom Blitz erschlagen brach die Geiß da droben zusammen, schlittelte auf dem Lahnergras einige Meter bergab und tat keinen Rührer mehr.

Wir blieben noch eine Viertelstunde sitzen, bevor wir aufstiegen, um die Geiß zu bergen. Ein Blick zwischen die Schlegel zeigte, dass sie in dem Jahr kein Kitz gehabt hatte, vermutlich war sie sogar gelt. Die schmalen Jahresringe verwiesen volle fünfzehn Jahre. Sepp war unbändig stolz und freute sich mit mir. Ich über die besondere Beute, er übers richtige Ansprechen und – wie er mir gestand – dass ich der erste Jagdgast sei, den er allein und auch so erfolgreich geführt hat. Er ließ es sich nicht nehmen, die Geiß selbst aufzubrechen. Dass er sie dann hinuntertrug, dagegen hatte ich nichts einzuwenden. Nur drunten am Talweg wollte er unbedingt mich mit der Geiß am Buckel fotografieren – als hätte ich sie hinuntergetragen.

Der liebe Sepp schleppte den Gams sogar zur Hütte hinauf, damit die abends heimkehrenden Jäger sich auch an der Beute erfreuen konnten. Doch die Überraschung war dann beiderseits. An der Hüttenwand hing ein abnormer Rehbock, den mein Mann erlegt hatte.

Am Abend gab's die Leber von dem Böckerl, es war ein Zweijähriger, die war uns lieber als die von der alten Geiß. Die hatten wir samt dem Aufbruch meinen Freunden, den Raben, droben am Berg gelassen. Gleich nach dem Schuss kreisten sie mit „kruck!" und „krock!" in Erwartung ihres Anteils über uns.

Unsere Tage in paradiesischer Stille und Einsamkeit schenkten uns noch so manches schöne Erlebnis, bis dann am letzten Abend Ginsengs Zither erklang: „Pfiat di Gott, du scheane Hütt'n, pfiat di Gott, du scheane Alm!"

Bergauf – bergnunter …

Welche Freude, wenn eine Jagdeinladung unerwartet ins Haus flattert. Und dann noch eine zum Gamsjagern. Martin, ein junger Jagdfreund, lud mich ein. Seinen Einstieg in die Jägerlaufbahn hatte ich seinerzeit mit Rat und Tat begleitet. Durch glückliche Umstände hatte er sich in ein großes, wildromantisches Hochgebirgsrevier eingekauft. Nun wollte er mir mit dieser noblen Geste Dank sagen.

Als neugierigen Menschen freut es mich immer wieder, eine neue Landschaft zu sehen, andere Jäger kennenzulernen. Ich war gespannt auf das berühmte Revier, die Berge und ihr Wild.

Die Gamsbrunft war noch in vollem Gange, das Wetter wolkenlos und fußhoher Schnee lag bis ins Tal. Martin hatte mir geraten, meine BGS-Hündin Raika daheim zu lassen, mit der Hündin des Berufsjägers würde es sonst Probleme geben. Sie wäre äußerst unverträglich, speziell gegenüber anderen Hündinnen. Schweren Herzens musste ich sie zurücklassen mit dem Trost, sie könne ja jetzt in der Voradventszeit dem Fraule beim Plätzchenbacken „helfen“.

Dazu fällt mir eine lustige Episode ein: Die Ehefrau eines befreundeten Berufsjägers – sie ist noch „hundenarrischer“ als wir – verfiel auf die Idee, für ihre heiß geliebten Schweißhunde ebenfalls Weihnachtsplätzchen zu backen. Dazu fiel ihr ein spezielles Rezept in die Hände. Dessen Bestandteile waren neben Haferflocken Leber, Kutteln, Knochenmehl und weitere Innereien. Nach dem Backen lüftete sie gründlich das danach nicht mehr so adventlich riechende Haus und stellte die zwei Backbleche zum Auskühlen in die Diele des Hauses. Todmüde legte sie sich ins

Bett und hörte ihren Ehemann nicht mehr heimkommen. Am nächsten Morgen war der Berufsjäger vor Tau und Tag schon wieder fort. Dass er von dem Gebäck etwas mitgenommen hatte, fiel ihr nicht auf. Abends dann, als der Jäger vom Dienst heimkam, begrüßte er sein ahnungsloses Weib mit folgendem Kommentar: „Du kochst ja sonst ganz wunderbar, aber Platzlbacken, da lass bitte in Zukunft die Finger davon, deine Platzl, die waren das Grauenhafteste, was ich je gegessen habe. Speiübel ist mir geworden!“

Solch eine „Leckerei“ hatte ich nicht dabei, denn meine Rucksackbrotzeit bestand ganz klassisch aus Tiroler Speck, Brot, Schokolade und Äpfeln. Dazu der silberne Flachmann mit dem Enzian als „Erste-Hilfe“-Maßnahme.

In der kleinen Pension, wo wir untergebracht waren, erwartete uns schon der Berufsjäger Wolfgang. Seine Hannoversche Schweißhündin wollte mich stürmisch begrüßen, wie es die meisten Hunde, die den Jäger und Hundefreund erkennen, gern tun. Da schlug er sie mit der flachen Hand brutal auf den Kopf und stieß sie mit dem Fuß zurück. Meinen Protest quittierte er mit verächtlichem Schnauben. Man merkte deutlich, dass er sich den Kommentar „Was versteht denn der schon“ verkniff. Das war der erste falsche Ton in diesem Stück. Unter Berufsjägern habe ich im Laufe eines langen Jägerlebens die sonderbarsten Typen erlebt, aber nie, dass einer seinen Hund mit der Hand schlägt oder gar mit dem Fuß traktiert. Im Verlauf der nächsten Stunden erlebten wir immer neue Grobheiten gegenüber seinem Hund, sodass Martin am Abend ein ernstes Wort mit ihm sprach. Ich beschloss, mir nicht die Stimmung durch ihn verderben zu lassen.

Der Nachmittag lohnte sich nicht mehr für eine Gamspirsch in der Höhe. Dafür kam der vernünftige Vorschlag, einen Kontrollschuss abzugeben. Auf der Fahrt zum Schießstand begegneten wir dem zweiten Berufsjäger, der am Wegrand mit dem Spektiv einen Berghang beobachtete. Er winkte uns zu sich.

„Dort droben steht eine recht gute, alte Gamsgeiß bei einem kleinen Rudel. Sie führt nicht, das habe ich gesehen, die wär' doch was für euch!"

Auch wir versuchten nun, die Gams auszumachen, und ich war gleich in Gedanken beim Aufstieg. Sie standen unter einer steilen Felswand, unterhalb dehnte sich eine freie Fläche. Es würde eine schöne und spannende Pirsch werden. Nun war es klar, wo wir am nächsten Tag unser Glück versuchen würden. Freund Martin wollte unbedingt, dass ich den ersten Schuss hätte, und so freute ich mich auf die verlockende Chance.

Im ersten Morgendämmern waren wir beim Aufstieg. Der Jäger hielt sich heute gegenüber seinem Hund zurück. Sicher hatten die gestrigen Ermahnungen was gebracht. Martin hatte ihn bereits informiert, dass ich auf die Geiß jagen werde, was er mit Achselzucken zur Kenntnis nahm. Nach einstündigem Aufstieg waren wir am Rande der Freifläche angelangt, an deren oberem Rand gestern die Gams gestanden hatten. Während wir uns hinter ein paar Felsbrocken zur Beobachtung einrichteten, zogen droben die Ersten des kleinen Rudels zur Äsung aus den Latschen. Nach einiger Zeit erschien weit oberhalb, direkt unter der Gipfelwand die einschichtige Geiß. Lange schaute ich sie mir durchs Spektiv an. Sie war mit ihren verwaschenen Zügeln und mit einer weit gestellten, hohen Krucke wirklich alt. Ihre Figur wies auf ihr fortgeschrittenes zweites Jahrzehnt. Die hätte ich zu gern erlegt. Die wollte ich haben. Sie stellte sogar einen kleinen Bart auf und bläderte. Das war ungewöhnlich, aber ich hatte das vor Jahren schon einmal bei einer alten Geiß beobachtet. Der Wind stand immer noch bergab, doch bald würde die Sonne über den Grat steigen und der Wind umschlagen.

Ich bettete meine Kipplaufbüchse auf den Wetterfleck und zielte hinauf. Klein stand das Ziel im Absehen des sechsfachen Glases. Doch solch weite Schüsse im Gebirg bin ich gewohnt, ich weiß, wo ich abkommen muss.

Da ließ ich mich von dem Jäger aus der Ruhe bringen: „Nach meinem Entfernungsmesser sans 293 Meter, mei Liaber, des is fei a zacher Schuss! Da muasst a guade Handbroat drüber geh', aber warscheints is des fir di eh z'weit."

Und ich Trottel, der seine Büchse genau kennt, ließ mich durch die Entfernungsangabe beirren und folgte seinem Rat. Ging wirklich eine Handbreit drüber – und es kam, wie es kommen musste – es staubte auf der Felswand, genau eine Handbreit über der Geiß.

„Gfeit host as, gfeit host as! Direkt unterschossn. Hob i mer do glei denkt!"

Ich hätte mich sonst wohin beißen können. Wider besseren Wissens hatte ich diesem Hanswurscht gefolgt. Wäre ich, so steil bergauf, selbst bei der großen Entfernung, voll ins Blatt gegangen, sie wäre jetzt herabgekugelt. Wäre, ja wäre! Hinterher ist man immer gescheiter. Die Angabe in Metern hatte mich total drausgebracht. Technik auf der Jagd war ich nicht gewohnt. Die Entfernung zu schätzen, gelingt mir auch ohne komplizierte Hilfsmittel. Ich kenne die Größe des Wildes, die Konturen der umgebenden Bäume und Sträucher, da brauche ich keinen Laser. Einzig in der Mongolei, im Hochaltai beim Steinbockjagern, da hätte ich seinerzeit so etwas gebraucht, da wäre ich froh um so ein Gerät gewesen. Da steht in der kristallklaren Luft, sie ist so klar, wie niemals bei uns, fern von dir ein Wild. Dessen Größe ist dir nicht vertraut, da gibt's keinen Baum, keinen Strauch, keinerlei Anhaltspunkt, anhand dessen du einen Vergleich ziehen kannst. Bei den dortigen Verhältnissen, da habe ich mich schmerzlich verschätzt. Hier hätte mir das nicht passieren dürfen.

Die Gams waren dahin. Der Jäger schenkte sich die Anschusskontrolle. Ich hatte nichts dagegen, denn ich wusste besser als er, wohin die Kugel gegangen war.

Nun war ich bei ihm noch mehr „unten durch", doch das war mir schnurzegal. Mein Ärger richtete sich nun gegen mich. Zum Glück hatte ich die Geiß nicht angeschweißt. Der Berufsjäger meinte, dass wir das kleine Scharl einen Graben weiter wieder finden würden.

Jetzt war mein junger Freund dran. Ich hatte seinen Vorschlag, die Geiß zu erlegen, nur unter der Bedingung angenommen, dass nach meinem Schuss er dran sei.

Wir stiegen nun in gleicher Höhe weiter zum nächsten Graben. Hier standen weiter oben tatsächlich einige Gams. Aber die Alte war nicht dabei. Ein Bock bewachte von hohem Ausguck sein Rudel. Der war jagdbar, den sollte nun Martin schießen. Dafür mussten wir jedoch höher hinauf, denn von unserem Platz aus waren es – nun wieder mit Laser ausgemessen – 560 Meter. Gut gedeckt konnten wir näher heran. Auf einer kippeligen Steinplatte strauchelte mein Freund und die Büchse schlug klappernd an einem Stein an. Die Gams hatten von dem Geschepper zum Glück nichts vernommen und standen noch am selben Platz, als wir bis auf etwa 150 Meter herangekommen waren.

Schnell machte sich der Freund schussfertig. Vor Aufregung schnaufte er, das Jagdfieber beutelte ihn gehörig. Da verriet ich ihm meinen Trick, um ruhig zu werden: „Nase zuhalten und die Luft pressen, so fest es geht, dann bist du für eine halbe Minute ruhiggestellt.“ Er ging in Anschlag, tat wie geheißen und kurz darauf brach der Schuss.

Die Gams fuhren verschreckt auseinander, das grollende Echo von den umgebenden Wänden scheuchte sie weiter hinauf. Der Bock machte weit oberhalb noch ein Haberl und zog ruhig noch höher hinauf. Der war einwandfrei gefehlt. Verächtlich schnaufte Wolfgang und ich glaubte das Wort „Schnapser“ gehört zu haben. Da erinnerte ich mich an den Schlag, als der Freund auf der Steinplatte ausgerutscht war. Beim Untersuchen der Büchse fiel mir nun ein tiefer Kratzer am Vorderschaft auf.

„War der schon immer hier?“

„Sakra, das muss beim Sturz passiert sein.“

Da hatten wir's. Der Kontrollschuss am nächsten Tag zeigte dann auch eine erhebliche Abweichung. Auch dieser Gams hatte Glück gehabt und war nicht angeschweißt worden.

Nun beschlossen wir, erst einmal in aller Gemütlichkeit zu jausnen und unsere Nerven zur Ruhe kommen zu lassen. Es war noch früh am Tag und so schlug der Jäger vor, anschließend noch weiter hinauf zu steigen. Droben würden wir auf ein großes Kar kommen, an dessen Ende wir Einblick in einen tiefen Graben hätten. Dort stünden sicher wieder andere Gams.

Nach anderthalbstündigem Aufstieg breitete sich vor uns, umgeben von schroffen Wänden, ein ebenes Hochkar aus. An einer Scharte in den Felsmauern konnten wir über eine schmale, steile Rinne hinabschauen. Tief unten, inmitten von teilweise stubenhohen Felstrümmern wuselte reger Brunftbetrieb. Und auf einem dieser Steinbrocken, wie ein Standbild, ein Fetzenbock.

„Gerd, du bist wieder dran!“, so der Freund.

Das ließ ich mir nicht zweimal sagen. Die Entfernung erschien mir weit, aber noch im Bereich meiner Kugel. Und wieder maß der Jäger mit seinem Laser.

287 Meter, verkündete er. „Aber geh’ fei guate dreißeg Zantimeter drüber.“

Ich ließ ihn reden. Zum Schuss musste ich mich niederlegen und mich über die Kante beugen. Martin hielt meine Füße, damit ich nicht abrutschte. Den Wetterfleck bequem unter die Büchse, so konnte es gehen. Und jetzt packte auch mich das Jagdfieber. Das Fadenkreuz wollte und wollte nicht unverrückbar stillstehen. Nun musste ich ebenfalls den Trick mit dem Zuhalten der Nase anwenden, denn diesmal galt’s. Ruhig stand das Absehen jetzt hochblatt. Auf den Schuss kippte der Bock von seinem Podest. Verlöscht, ohne noch einen Lauf zu rühren, lag er neben seinem letzten Auslug.

„Gell, endli host auf mi g’hert!“ (endlich hast du auf mich gehört), so der Jäger. Ich ersparte mir jedes Wort, der Mann wusste eh alles besser.

Nun brach die Freude bei uns dreien durch. Und das nützte ich aus.

„Ich mach’ euch einen Vorschlag. Ihr schaut, dass ihr noch einen Gams für den Martin bekommt, während ich zu meinem Bock absteige und ihn dann bis zum Steig bringe, wo ich auf euch

Über den Lignitzbach …

Die Eier sind in der Pfanne.

Die Geiß vom „Wöidschwoaf“

Bergauf – bergnunter ...

Unter der Wand stand die Geiß ...

Hohenfelser Impressionen

Die Strecke wird gelegt.

warten werde. Wenn's dunkel wird, seid ihr eh heim zu auf diesem Weg." Meine Begleiter waren mit dem Plan einverstanden.

Bevor wir uns trennten, tauschte ich mit Martin die Büchse und erklärte ihm die Funktion meiner Scheiring. Ehe die beiden nun weiterstiegen, nahm ich den jungen Freund beiseite: „Du kennst ja den alten Spruch – ‚bergauf und bergnunter, immer halt drunter!' – also Weidmannsheil und lass dich von dem da nicht drausbringen!"

Jetzt begannen für mich die schönsten Stunden. Endlich war ich den Typen los, konnte in aller Ruhe durch die steile Rinne zu meinem Gamsbock absteigen.

Nach einer halben Stunde schweißtreibender, schwieriger Kraxelei war ich endlich drunten. Da lag er. Hingestreckt, als schliefe er. Ich richtete sein edles Haupt auf, strich über die seidenweiche, kohlschwarze Decke und freute mich. Freute mich an meiner wunderbaren Beute, freute mich, endlich allein zu sein, allein in dieser unsagbar schönen Bergwelt. Vergessen der Ärger mit dem Jäger, vergessen der erste Fehlschuss. Jetzt konnte ich mir Zeit lassen. Neben dem Bock sitzend wurde mir jede Minute zur Sternstunde. Erst nach einer langen Zeit schaute ich mir seine starke, pechige Krucke genau an, zählte zwölf Jahresringe, rupfte den gut bereiften Bart, brach ihn auf und hing ihn über einen Felsbrocken zum Ausschweißen.

Als der kleine Uhrzeiger auf der Vier angekommen war, band ich mir den Bock über den Rucksack und stieg ab. Jetzt fehlte mir zum vollkommenen Glück nur noch mein daheim gebliebener Hund.

Aber man kann halt nicht alles haben.

Hohenfelser Impressionen

Wie gewohnt schaue ich am Abend vor der Jagd noch einmal nach dem Wetter. Es könnte nicht besser sein. Die Sterne funkeln am wolkenlosen Nachthimmel, Gräser und Büsche glitzern im Raureif.

Am frühen Morgen erwache ich durch rauschendes Regenplätschern. Verflixt! Das macht alle Hoffnung zunichte. Tausend Teufel! Das darf doch nicht wahr sein! So ein Wetterumschwung verdirbt einem die ganze Jagerei. Besorgt schiebe ich die Vorhänge beiseite und spähe nach draußen. Im Schein der Straßenbeleuchtung aber bietet sich mir das gleiche Bild wie gestern Abend. Glitzernder Raureif, klarer Himmel, kein Regen. Das irreführende Plätschern kommt aus dem Stockwerk über meinem Zimmer, wo einer der Mitjäger, der ebenfalls in diesem Gasthof wohnt, die Dusche voll aufgedreht hat. Entwarnung! Ich darf mich weiter auf einen schönen und trockenen Jagdtag freuen.

Seit einigen Jahren findet hier auf dem Truppenübungsplatz Hohenfels, meist zum „Thanksgiving Day", an dem die militärischen Übungen ruhen, die sogenannte „Esterl-Jagd" statt. Gemeinsam mit Franz Eirenschmalz kann mein Freund Konrad Esterl hier nach seinen Gesichtspunkten eine Drückjagd abhalten; unter der Ägide des Forstdirektors Dr. Perpeet und der Mitwirkung der hiesigen Forstleute und Jäger. Die meisten Jagdgäste sind im Lauf der Zeit wie eine große Familie zusammengewachsen. Man freut sich das ganze Jahr auf ein Wiedersehen und gemeinsames Jagen.

Durch die Nachsuchen mit meinen Schweißhunden habe ich in der Vergangenheit verschiedene Arten von Drückjagden kennengelernt. Die Freude, als Schütze an den „kill for cash"-Jagden, wie Seben Arjes sie zu Recht nennt, teilzunehmen, war mir durch negative Einblicke schon lange vergangen. Als Solojager, der auf der Jagd die Einsamkeit sucht, bin ich kein Freund des kollektiven Hordenerlebnisses. In diesem Kreis jedoch finde ich noch ungetrübte Jagdfreude.

Schon am Vorabend der Jagd trifft man sich in dem Gasthof, wo auch die meisten der Teilnehmer wohnen. Großes Hallo beim Wiedersehen der Jagdkameraden vergangener Jahre, großes Erzählen, was sich so alles ereignet hat. Dieser erste Abend ist darüber hinaus ein Info-Treffen. Es werden anhand von Dias immer wieder Situationen gezeigt, die beachtet werden müssen. Hohenfels ist ein Truppenübungsplatz, der zwar der Bundesrepublik – nicht dem Freistaat Bayern – gehört, aber der U. S. Army unterstellt ist. Hier gibt es viele Gefahren durch herumliegende Blindgänger, vor deren Berühren gewarnt wird. Konrad, ein großer Tierstimmenimitator, zeigt uns, wie man durch Mahnen – Nase zuhalten und „äng“ sagen – das Rotwild zum Verhoffen bringen kann. Man hört darauf ein allgemeines „ängen“ durch den Saal gehen. Verhoffen tut hier aber nur die Bedienung. Am besten gefällt mir die unbedingte Ermahnung, nie auf hochflüchtiges, sondern nur auf stehendes oder langsam ziehendes Wild zu schießen. Das hatte ich bislang bei anderen Jagden vermisst.

Nach dem Frühstück geht's im Konvoi zum Treffpunkt. Zuvor muss die Schranke zum eingezäunten Areal passiert werden. Hier findet die Passkontrolle durch einen Forstbeamten und einen Militärpolizisten statt. Nach einigen Kilometern Fahrt durch das militärische Gelände gelangt man zum Sammelplatz der Jäger. Dort reihen sich die Jagdteilnehmer zur Registrierung und Einteilung zu ihren Anstellern vor einer kleinen Hütte ein. Nach der Begrüßung durch den Forstamtsleiter, bei der auch einige Jagdgäste ihr Jagdhorn erklingen lassen, zeigt er anhand von Hirschgeweihen, was jagdbar und was zu schonen ist. Eine originelle sowie einprägsame Demonstration, welche Schmalspießer jagdbar sind, wird anhand einer Bierflasche, die der

Forstdirektor in die Höhe hält, dargestellt. Alles was höher ist – Finger gerade lassen!

Eine kleine Kolonne von Autos folgt nun dem meiner Gruppe zugeteilten Helfer, der uns zu den Drückjagdständen bringt. Hügeliges Gelände, das an die Jura-Alb erinnert, mit vielen Freiflächen, von Wacholderbüschen unterbrochen. Waldbestände von Fichten und Föhren. Panzerspuren, Warnschilder und Militärdepots erinnern daran, dass hier Krieg gespielt wird. Mittendrin ein kleiner, orientalisch anmutender Weiler von einem Minarett überragt. Es fehlt nur noch der Ruf des Muezzins. Dann hätten die Soldaten einen beinahe echten Eindruck von Afghanistan.

Meine Kanzel steht neben dem Weg im Grund eines Tals. Ein 30 Meter breiter Streifen von dichten Büschen und niedrigen Bäumen zieht sich vor und hinter meinem Stand entlang des Weges. Links und rechts davon steigt eine freie Fläche in der Breite von etwa 100 Metern bis zum beiderseits beginnenden Wald, der sich über die Höhenzüge zieht. Man darf, sobald der Stand besetzt ist, anwechselndes Wild erlegen. „Hahn in Ruh“ ist nach gemeinsamem Uhrenvergleich um 12 Uhr. Danach sind nur noch Fangschüsse erlaubt.

Die geladene Büchse griffbereit daneben, mache ich es mir bequem. Ich bin allein, weit und breit ist kein weiterer Schütze. Jede Gefährdung ist ausgeschlossen. Nach einiger Zeit hallen von fern schon die ersten Schüsse. Am Ende des kleinen Tals plötzlich Hundelaut. Er kommt näher, entfernt sich wieder. Es sind hier hauptsächlich Wachtel- und Jagdterrier unterwegs, zumeist Hunde der Förster und ortsansässigen Jagdhelfer. Jetzt nähert sich wieder der Laut, ein Wachtel taucht auf, mit der Nase am Boden sucht er zielstrebig auf meiner linken Seite, am Rand der freien Fläche vorbei. Da wird in der Frühe Wild durchgezogen sein. Etwa 80 Meter hinter mir erklingt jetzt sein Laut aus dem Buschstreifen. Immer von derselben Stelle. Standlaut. Er muss wohl vor Sauen liegen, die nicht vom Fleck wollen. Eine halbe Stunde höre ich den braven Hund Schlag auf Schlag die Schwarzkittel verbellen. Endlich sehe ich in der Ferne einen der Durchgehschützen, wohl seinen Führer, näher kommen. Als er mich im Vorbeigehen auf dem Hochstand entdeckt, gibt er mir ein Zeichen, dass er jetzt dem Hund zu Hilfe kommen wird. Im dichten Bewuchs taucht er unter. Kurz darauf prasseln vier Überläufer aus ihrem Versteck. Der Hund mit Hetzlaut hinterdrein. Blitzschnell flüchtet die Gesellschaft, immer durch Buschwerk gedeckt, auf meine Kanzel zu. Mit der Büchse im Anschlag versuche ich eine Sau frei zu bekommen. Unmöglich. Alles spielt sich in dichtem Geäst ab. Fast zum Greifen nah passieren mich die Schwarzen in vollem Karacho. Ich sehe gerade nur ihre Umrisse in dem dichten Zeug. Fort sind sie, der brave Hund lauthals hinterdrein. Der Durchgeher ruft mir zu: „Und? Was ist los? Wieso schießen Sie nicht?“ Ich kann ihm wegen der Entfernung nur mit einem Schulterzucken zeigen, dass es unmöglich war, einen sauberen Schuss anzubringen.

Der erfahrene Hund kommt nach kurzer Zeit auf seiner Spur zurück und sucht Anschluss zu seinem Führer. Gerade ist er an mir vorbei, da überquert etwa 100 Meter entfernt ein starker Keiler vom rechten Höhenzug her die Talsenke. Immer nur kurz zwischen den Wacholderbüschen auftauchend, strebt er in scharfem Troll dem Buschwerk längs des Weges zu. Welch ein tolles Bild! Der Figur nach könnte es ein Hauptschwein sein. Nur ein „Buffalo-Bill“ hätte da schießen können. Außerdem hieß es „nur stehendes oder langsam ziehendes Wild darf beschossen werden“. Im Anschlag mache ich mich fertig, falls der Urian auf der anderen Seite der Deckung wieder auftaucht. So ein „wilder“ Keiler, ja, der reizt mich. Anders als die „Mais-Junkies“ bei uns im heimatlichen Staatsforst, die jeden Abend bei noch gutem Licht brav zu ihren Kirrungen getappt kommen. Für mich ist das wie Scheibenschießen und der Reiz des Wildtiers ist durch den vertrauten Auftritt dahin.

Der Keiler erscheint nicht mehr, er hat sich wohl dort gesteckt. Da heißt's wachsam bleiben, vielleicht macht ihn noch einer der Stöberhunde wieder locker. Stille kehrt ein. Ganz plötzlich ist oben am linken Waldrand Bewegung auszumachen. Leittier,

Schmaltier, guter Schmalspießer, noch ein Alttier und hinterdrein ein Kalb. Schon bin ich im Anschlag. Als das Alttier kurz verhofft und sich das kleine Rudel durcheinanderschiebt, habe ich Glück. Das Kalb ist ein wenig zurückgeblieben, steht frei und schon ist die Kugel draußen. Alles flüchtet in wilder Panik. Nach 20 Metern bricht das Kalb zusammen, schlegelt noch ein-, zweimal. Mit der sofort nachgeladenen Büchse bleibe ich auf dem Stück. Doch es ist schon verendet. Ein zweites Stück zu beschießen war unmöglich, alle waren sekundenschnell im Hochwald untergetaucht. Jetzt löst sich meine Anspannung in Freude auf. Zum Jagdfieber war gar keine Zeit, das ist alles zu schnell gegangen. Ich kann nun ausschnaufen, mit dem Glas meine Beute betrachten und mich am guten und schnellen Schuss freuen.

In den folgenden anderthalb Stunden habe ich keinen weiteren Anblick, nur von fern sind immer wieder einzelne Schüsse zu hören.

Um 12 Uhr kann ich entladen und zu meinem Kalb gehen. Ich ziehe es zum Weg herunter und breche es auf. Es gluckert sogar ein kleines Rinnsal zwischen dem Gebüsch, wo ich mir die Hände waschen kann. Bis man mich abholen kommt, wird noch eine gute Weile vergehen. Der Ansteller muss zuvor seine „Schäflein“, samt deren erlegtem Wild, einsammeln, das kann manchmal bis zu einer Stunde dauern. In der Zwischenzeit setze ich mich zufrieden auf meine offene Kanzel und packe die Brotzeit aus. Eine Rehgeiß zieht, als wisse sie, dass ihr nun nichts mehr geschehen kann, ganz nah, ganz langsam vorbei.

Die Jagdhelfer kommen daher, wir laden das Kalb auf. Es liegt bereits ein Schmalspießer im Anhänger. Am Sammelplatz wird das bislang noch nicht aufgebrochene Wild von einer gut eingespielten Helfer-Mannschaft versorgt und zur Strecke gelegt. Bis alle Schützen wieder beisammen und noch eventuelle Nachsuchen gemacht worden sind, trifft man sich an einer nahebei gelegenen Hütte, wo es wunderbare Verköstigung gibt. Sehr viele der Schützen kenne ich seit Jahren, so geht neben

O Sohle mio

Noch sind die Sohlen dran ...

Keine Sohle – keine Jagd

Der vom ...

Der lang vergeblich Gesuchte

Hier war die erste Begegnung.

Der „Jovi“ kommt vom Berg

fröhlichem Schmausen das schöne Ritual reihum: „Was hast du gesehen, was hast du geschossen?“

Die Strecke ist gelegt, das Wild mit den gerechten Brüchen geziert und nach dem Verteilen der Erlegerbrüche erklingen die Hörner.

Das Schöne an einer mehrtägigen Jagd ist, dass am Abend des ersten Tages nicht alles schnell heimwärts strebt. Man bleibt beisammen, isst und trinkt, und spricht mehr oder weniger perfektes „Latein“. Je später der Abend, desto weiter, schneller und schwieriger werden die Schüsse.

Am anderen Tag bekomme ich einen „Panorama-Stand“. Meine Kanzel steht am oberen Rand eines flachen Talkessels, der auf meiner linken Seite vom 50 Meter weit entfernten Wald begrenzt ist. Fast einen Kilometer weit kann ich rechter Hand über eine von Panzerspuren durchwühlte Freifläche blicken. Nur unterbrochen von Wacholdergruppen, einem von Schilf umstandenen Graben liegt sie im Rund der umrahmenden Waldberge. Es ist die dem Rotwild ursprünglichste Heimat – die Offenlandschaft. Die braucht man hier zum Kriegspielen. Die Panzer können ja schlecht durch den Wald fahren. So kommt dem Wild das Motto „si vis pacem, para bellum“ – wenn du den Frieden willst, rüste zum Krieg – zugute. Meine pazifistischen Gedanken, die hier reichlich Nahrung kriegen, gehen jedoch andere Wege. Der Tag ist aber einfach zu schön, die Sonne bescheint mich so freundlich, dass ich diese Gedanken lieber beiseiteschiebe.

Von einem Stand, der weit hinter mir an der Engstelle des Tals liegt, hallen zwei, drei Schüsse. Kurz darauf trollt, ganz eng zusammengeschlossen, ein großes Rudel Rotwild über die Ebene. Sie verhoffen sogar in einiger Entfernung. Absolut unmöglich, ein Stück frei zu bekommen. Die gewitzten Alttiere kennen das Spiel und scheinen genau zu wissen, wenn sie im Paket zusammenbleiben, dann sind sie sicher. Während ich dem Rudel von vielleicht fünfundzwanzig Stück bewundernd zuschaue, kommt noch ein Nachzügler. Ein Schmalspießer. Langsam, mühsam folgt er seinem Pulk. Der ist offensichtlich krank. Was er aufhat, interessiert mich jetzt nicht, hier heißt's schnellstens einen Fangschuss anbringen. Mit dem Glas erkenne ich an seiner Flanke, ziemlich tief, eine schweißende Stelle. Da gibt's kein Zögern, das kranke Stück muss sofort erlöst werden. Doch es ist weit, teuflisch weit. Zumal für meine 30/06. Aber wozu habe ich Weitschüsse geprobt. Mit guter Auflage muss es gehen. Die Büchse folgt ruhig dem mühsam ziehenden Wild. Als der Kranke einmal kurz stehen bleibt, bin ich mit dem Absehen eine gute Handbreit über dem Wildkörper. Wie vom Hammer erschlagen versinkt er in einer tiefen Fahrspur. Einmal noch kommt sein Haupt mühevoll hoch – ich habe blitzschnell nachgeladen – doch dann, bevor ich nochmals schießen kann, ist es endgültig verschwunden.

Jetzt packt mich doch das Jagdfieber. Wilde Freude kommt auf. Mehr Beglückung, als hätte ich einen Gesunden erlegt. Wie lange, denke ich, hätte er noch leiden müssen, bis er nach der Jagd mit einem Schweißhund nachgesucht und erlöst worden wäre. Stunden wären vergangen.

Zufrieden lehne ich mich zurück und hätte beinahe eine Rotte Sauen übersehen, die links über mir durch den lückigen Bestand flüchtet. Doch die sind alle viel zu schnell, hinter ihnen „jifft" mit schrillem Gekeif ein schwarzer Jagdterrier. Gleich sind sie alle in der Überriegelung verschwunden und der Hundelaut verklingt leis' in der Ferne.

Nach etwa einer Stunde schnürt ein Fuchs direkt auf mich zu. Ein herrliches Bild, der rote Freibeuter von der Sonne beschienen im fahlen Herbstgras. Zeitlupenlangsam greife ich zur neben mir liegenden Kamera. Das wäre ein tolles Bild. Aber er hat die winzige Bewegung eräugt und ist ohne Schrecksekunde huschgeschwind davon.

Kurz bevor der kleine Uhrzeiger die Zwölf berührt, taucht links hinter mir ein Reh auf. Noch kann ich nicht erkennen, ob Geiß oder Bock. Immer gedeckt von den Randbüschen will es oberhalb meiner Kanzel durchziehen. Jetzt kann ich es ansprechen – Geiß, und kein Kitz kommt nach. Der Schuss ist keine große Kunst – 60

Meter. Die Graue macht eine erschreckte Flucht, bleibt kurz stehen, äugt zurück und springt ab. Aus dem Wald höre ich empörtes Schmälen in „Alt-Weiber-Bass“. Das habe ich ja toll vermasselt. Wie kann man da vorbeischießen? Mir fällt keine Ausrede ein. Höchstens, dass es mir zu nah war und ich heute nur jenseits der 200-Meter-Grenze treffen kann. Man muss sich auch mal selbst auf den Arm nehmen können!

Um 12 Uhr ist wieder „Hahn in Ruh“ und ich gehe mir den Anschuss anschauen. Keinerlei Pirschzeichen, ich kann beruhigt sein. Also bleibe ich heute ohne Bruch, denn der Erleger des Spießers ist ja jemand anderer. Wie sich hernach herausstellen wird – zum Glück. Meine Freude über diesen Schuss kann jedoch nichts steigern.

Ich packe meine Sachen zusammen und steige den Hang hinab zum Schmalspießer. Von einer Kiefer nehme ich einen Bruch mit. Ich will meinem Wild selbst den letzten Bissen geben, nicht warten, bis das die Streckenleger machen. Als ich ihm den Bruch in den Äser stecken will, fällt mein Blick auf seine Spieße. Besorgt kratze ich mir den Kopf. Die Stangen sind beinahe armlang. Der Schütze hat offenbar die Bierflasche mit einer Magnum-Sektflasche verwechselt oder gar mit einem 6-Liter-„Methusalem“.

Der Hirsch liegt nun schon fast zwei Stunden da und es ist höchste Zeit, dass ich ihn aufbreche. Bis die Bergemannschaft ihn zum Streckenplatz geschafft haben wird, wären weitere zwei Stunden vergangen, bis er aufgebrochen würde.

Meine Abholer, die nach einer halben Stunde mit dem Anhänger hierher gefahren kommen, runzeln die Stirn und machen ebenfalls große Augen. Doch die Wogen glätten sich, als ich ihnen die wahren Zusammenhänge erkläre. Man lobt mich sogar, als die Förster die Entfernung zu meinem am oberen Waldrand liegenden Stand abschätzen. Die erste Kugel saß, genau wie ich es auf die Schnelligkeit erkannte, ganz tief im kleinen Gescheide. Der Todwunde folgte nur noch mit Qualen seinem Rudel und wollte sich auch nicht auf der deckungslosen Freifläche niedertun. Mit dieser Kugel hätte er allerdings noch lange leiden müssen.

Der Unglücksschütze ist bald ausgemacht. Er zieht nur ein wenig den Kopf ein und zuckt die Schultern. Sicher macht jeder mal einen Fehler und man muss bedenken, dass die „neuen" Jäger, die das Jagen in Hochdruck-Revieren erlernen, vor lauter „Zahl vor Wahl" keine Maßstäbe, kein genaues Ansprechen mehr kennen. Wenn allerdings der Jagdleiter bei seiner Ansprache ermahnt: „Leute, heut' müssen wir Strecke machen!", dann wird das bei einigen sicherlich die Hemmschwelle herabsetzen. Dass Fehler auf solch eine Ermunterung hin passieren, dürfte wohl klar sein. Dass sie hernach im Einzelnen kritisiert werden, habe ich bisher noch nicht erlebt. Wer allerdings besonders unangenehm auffällt, wartet im nächsten Jahr vergebens auf eine Einladung.

Nach Streckelegen und Verblasen bleibt noch ein kleiner Kreis, der keinen allzu weiten Heimweg hat, ein wenig beisammen. Man tauscht die neuesten Erlebnisse aus und freut sich auf ein Wiedersehen im nächsten Jahr. Vor meinen Augen stehen immer noch die schönen Bilder. Der Fuchs im falben Herbstgras, das große Rudel mit dem klugen Alttier. Sie sind nicht in der Kamera, sondern in meinem Kopf gespeichert. Verblassen werden sie nie.

O Sohle mio!

Manchmal läuft's halt nicht so rund, wie man's gerne hätte. Das ist bekannt. Und dann gibt's obendrein die Serie, die nicht enden will. Woran liegt das? Ist es eigenes Versagen oder sind des „Geschickes Mächte" stärker? Lassen Sie mich der Reihe nach erzählen.

Es begann mit dem Wunsch nach einem Kitz oder Schmalreh für die eigene Küche. Sie fragen zu Recht: „Was soll daran so schwierig sein?"

Gleich Anfang Mai hatte ich ein Schmalreh erlegt, doch irgendwie passte es mir dann doch nicht, jetzt schon das Reh für die Kühltruhe zu erwerben. Bis zur Blattzeit sah ich dann hier in meinem Jagdbezirk im Staatsforst überhaupt kein Reh mehr. Trotz Ansitz mindestens dreimal pro Woche. Unglaublich, oder? Bei meinen Freunden, bei denen ich zur Bockjagd war, hätte ich ja leicht ein Schmalreh erlegen können. Doch da ging halt mein ganzes Sinnen und Trachten zunächst auf Böcke. Ich vertröstete mich auf den Herbst, da würde es kinderleicht gehen. Wie in jedem Jahr.

Im September war ich bei Freunden in Luxemburg eingeladen, wo ich freie Büchse haben sollte. Hier galt's aber erst einmal Hirsch und Sau. Reichlich Rehe gab's dort obendrein, doch vorerst wollte ich mir nicht mit der Erlegung eines Küchenstücks die Chancen aufs Hochwild verderben. Jedoch am letzten Abend konnte ich mich nun dem Reh widmen und so setzte mich Freund Guy an einer einzeln stehenden Eiche an. Ringsum Wiesen und in Büchsenschussweite ein großes Maisfeld. Ich machte es mir auf der Stahlrohrleiter bequem und klemmte meine Büchse rechts von mir griffbereit zwischen Sitz und Lehne. Nach kurzer Zeit trat schon das erste Reh aus der Deckung. Glas hoch, um es anzusprechen, da glitt die Kipplaufbüchse aus der Halterung und fiel mit dumpfem „klatsch“ zu Boden. Ich war wie versteinert. Es war wie in einem Alptraum. Ich verfluchte den modernen Hochstand, verfluchte mich selbst. Das hieß Jagd vorbei! Zornbebend, mit lästerlichen Verwünschungen krabbelte ich aus dem dreimal verflixten, neumodischen Rohrgestell und hob mit fliegenden Händen die Büchse auf. Nach erstem angstvollem Augenschein war kein Schaden zu erkennen, doch als ich durchs Zielfernrohr schauen wollte, erkannte ich, dass sich der vordere Fuß der Einhakmontage vom Lauf gelöst hatte. Aus und vorbei!

Ganz benommen stellte ich die nun nutzlose Büchse an den Eichenstamm und kraxelte wütend wieder auf meinen Sitz. Noch war mein Repertoire an Flüchen nicht erschöpft. Ich musste jetzt unbewaffnet ausharren, bis der Freund mich nach Einbruch der Dunkelheit abholen würde. Im Verlauf der nächsten Stunde war ich – als wollten höhnische Geister mich foppen – im weiten Rund umgeben von Rehen aller Altersstufen, Böcke, Geißen, Schmalrehe und Kitze. Einige kamen bis auf wenige Meter unter meinen Hochstand, wo sie arglos mit lautem Knacken die herabgefallenen Eicheln ästen. Es war der reinste Hohn. Ich hatte mich inzwischen ein wenig beruhigt und beschloss, mich nicht zu ärgern und die Nähe des vertrauten Wildes zu genießen. So tröstete ich mich mit dem Gedanken, dass dies ein Erlebnis wäre, das ich nach einem Schuss nie gehabt hätte. In meiner Verwirrung war ich gar nicht auf die Idee gekommen, das Zielfernrohr abzunehmen und über Kimme und Korn zu schießen. Das wäre ja bei der geringen Entfernung leicht möglich gewesen.

Ein erneuter Versuch, an ein Reh zu kommen, startete im Burgenland. Bei meinem Freund Bernd, wo ich zu einer zweitägigen Fasanjagd eingeladen war, da sollte ich ein paar Tage früher kommen und für meinen Bedarf in aller Ruhe die passenden Stücke erlegen. Rehe gibt’s da wahrlich genug. Doch als ob der Teufel die schwarzen Finger vor mein Rohr gehalten hätte, immer kam was dazwischen. Entweder war mir die Geiß zu alt oder das erwählte Stück stand mir nicht schön breit für einen sauberen Küchenschuss. Einzig ein zaundürres, krankes Schmalreh konnte ich erlösen. Wir haben es postwendend bestattet. Wer zu wählerisch ist, geht am Ende leer aus.

Dann kam der Tag der Fasanjagd und mit ihm wurde ein spannendes, neues Kapitel einer „alten" Geschichte weitergeschrieben.

Es stellte sich heraus, dass Stephan, der Freund und Partner von Bernd, das Revier bei Oberstdorf, an dem ich bis vor zwanzig Jahren beteiligt war, gepachtet hatte. Durch meine Bücher und die Erzählungen über Ereignisse in – jetzt – seinem Jagdbann, war ich ihm kein Unbekannter. Im Verlauf der zwei Jagdtage kamen wir uns näher und zum Abschied nahm er mich beiseite.

„Gerd, hast du Lust, in deinem alten Revier einen Gamsbock zu schießen? Melde dich bei meinem Berufsjäger, ich sag' ihm Bescheid!"

Ich war sprachlos vor Freude. Dass es nochmals ein jägerisches Wiedersehen mit den vertrauten Bergen geben würde – das hätte ich mir nie träumen lassen. Und noch eine freudige Überraschung hatte der großzügige Freund parat. Bernhard, unser ehemaliger Berufsjäger – der jetzt, wie er selbst sagte, im „Unruhstand" sei – könnte mich führen.

Allein die Aussicht, mit diesem Jäger zu gehen, erhöhte meine Vorfreude. Wir hatten gemeinsam so manches Stück Wild erjagt. Er kannte sein Revier, sein Wild, wie ich es noch bei keinem anderen Berufsjäger erlebt habe. Ruhig und bedächtig, nie ein Wort zu viel, immer gut aufgelegt und zu einem Scherz bereit. Wenn er nach reiflicher Überlegung einen Satz beginnt, dann eröffnet er bedächtig seine Rede mit: „Ding!" Was immer es auch heißen mag. Vielleicht: „Übrigens" …

Die Gamsbrunft beginnt mit Kälte, Schnee und – Nebel. Trotzdem nützen wir den kurzen Tag. Am Leiterberg, der das Tal im Osten in Höhe von Bernhards Haus und dem elterlichen Bauernhof begrenzt, wollen wir's probieren. Während im Talgrund noch gute Sicht ist, wird der Nebel nach jedem Höhenmeter immer dichter. Dennoch steigen wir hinauf bis zum „Brennte Rucke", der mich an so viele herrliche Gamspirschen erinnert. Lange war ich nicht mehr im Berg, bin das Steigen in schwierigem Gelände nicht mehr gewohnt.

„Mach's gnädig!", habe ich dem Bernhard eingangs gesagt. „Ich bin ja nun ein Flachlandjäger geworden." Insgeheim hoffe ich, dass wir uns bald irgendwo ansetzen. Doch unbeirrt geht's Schritt um Schritt hinauf, hinauf. Das Steigen geht wider Erwarten gut, wird immer müheloser, nur mit meinen Schuheinlagen oder den Socken scheint irgendwas nicht zu stimmen. Aber – was soll's! Sicher ist es der Geröllunterground, den ich nicht mehr gewohnt bin.

Nach knapp zwei Stunden Aufstieg sitzen wir an einer breiten Schotterriese, wo bei normaler Sicht guter Ausblick wäre. Ja, wäre! Es tröstet mich, dass dieser Bergmensch, der zäh und knorrig wie eine Latschenwurzel ist, auch sein nasses Hemd wechseln muss. Trocken und warm eingehüllt haben wir uns einen übersichtlichen Platz ausgesucht. Der Nebel ist dichter geworden, die Sicht reicht nur noch knapp 40 Meter weit. Der Jäger braucht halt Glück. Die Zeit wird uns mit unzähligen Geschichten nicht lang. Sie alle beginnen mit „weißt du noch?". Zweimal huschen, wie Schemen im Nebeldunst, sich jagende Gamsböcke an uns vorbei. Und plötzlich taucht, keine vier Meter vor uns, das Haupt eines neugierigen Gamsjünglings auf. Aus der Tiefe des Grabens kam er lautlos emporgestiegen. Sekunden später hat ihn der Nebel verschluckt.

Das Licht wird trüber und mahnt zum Abstieg. Morgen, so hoffen wir, könnt's besser werden. Abends schaue ich meine Kniestrümpfe an. Ob sie irgendwo an der Sohle eine Verdickung haben. Irgendwas hat mich im Schuh so unerklärlich gedrückt. Doch die Socken sind tadellos.

Der neue Tag beginnt wieder in Watte gehüllt. Der Gamshüter macht seinem Namen alle Ehre. Gegen Mittag klart es ein wenig auf, sogar ein paar blaue Lücken sind aus der Wolkendecke geapert. Diesmal steigen wir zur „Jockar-Riese“ hinauf. Hier habe ich vor zwanzig Jahren einen guten Feisthirsch geschossen. Man kann jetzt sogar bis ins Tal hinunterschauen, wo etwa einen Kilometer entfernt Bernhards Haus und der elterliche Hof stehen. Beim Aufstieg jagen unter uns zwei Gamsböcke durch. Der hintere, der Verfolger, der würde passen. Doch sie sind nur sekundenkurz zu sehen und schnell im deckenden Wald verschwunden. Wir machen es uns an der Riese bequem, packen unsere Brotzeit aus und hoffen, dass einer der Böcke zurückkehrt. Ich sitze mit dem Rücken an einem größeren Felsbrocken mit Blick zum Tal, während der Bernhard den oberen Bereich im Blick hat. Kipplaufbüchse und Bergstecken liegen griffbereit zu meiner Rechten. Wenn jetzt hier was kommt, dann muss es schnell gehen. Ich bin gerade beim „Dessert“, einem Stück Schokolade, da steht, wie hingezaubert, etwa 80 Meter unterhalb ein Gams. Genau in einer schmalen Lücke zwischen den Bäumen. Den Bernhard, der nach oben schaut, angestupft: „Schau, da drunten!“

Bis der Jäger sagt: „Dean packe br!“ (den nehmen wir), bin ich längst mit der Büchse am Bergstock im Anschlag. Die Sekunden verrinnen.

„Was isch, wieso schuißt du it?“ (Was ist, wieso schießt du nicht?)

„Wenn ich jetzt schieß’, dann ist genau in der Ziellinie da drunter euer Hof.“

„Wart’ a bizzle, a kut scho no besser!” (Wart’ ein wenig, er kommt schon noch besser!)

Der Bock steht wie gemauert auf einem Felsvorsprung, äugt wie eine Statue ins Tal. Wunderbar breit steht er. Ein starker Bock, hohe Krucken, der Pinsel wie ein langer Zopf. Zwischen seinen Läufen drunten das Dach des Hofes. Ein Tupf aufs Züngl und er wäre mein.

Doch wenn die Kugel fehl ginge? Wenn nur der Rest der Kugel noch ins Tal käme? Warten! Geduld!

Urplötzlich ist er verschwunden. Wohin? Ich habe nur sekundenkurz weggeschaut. Bernhard deutet nach rechts. Und jetzt sehe ich ihn, wie er mit bockelnden Sprüngen bergwärts steigt. Die Büchse fährt mit. Jetzt steht er einen Wimpernschlag frei und die Kugel wirft ihn zusammen. Grollend kommt das Echo vom gegenüberliegenden Gundsberg zurück.

Glücklich räumen wir unsere Sachen zusammen, packen die warmen Kleidungsstücke in den Rucksack, den Wetterfleck obendrauf. Über die Geröllhalde mit rutschigem Gestein geht's mühsam – hol's der Teufel –, irgendwas drückt ungewohnt in meinen Schuhen.

Doch daran verschwende ich jetzt keinen Gedanken. Ich freue mich an der Beute, dem schnellen Schuss und schaue dem Jäger beim Bartrupfen zu.

Bis wir wieder herunten auf der Talwiese sind, ist es dämmrig geworden. Irgendwas scheint sich an meinen Schuhen verhakt zu haben. Als ich es herausziehen will, traue ich meinen Augen nicht. Die Sohle des linken Schuhs hat sich komplett abgelöst. Nur durch die Riemen der Schneestrümpfe, die unter den Schuhen durchgehen, wurde sie gehalten. Bei jedem Schritt schlappt sie vorn und hinten wie ein lose hängender Lappen. Jetzt sehe ich, dass auch am rechten Schuh die Sohle nur noch am Riemen hängt. Darum hatte ich solche Probleme! Nicht auszumalen, wenn sich die Schuhe bereits droben am Berg dermaßen aufgelöst hätten. „Strumpfsocket" über die Schotterhalde bergab! Dabei waren es teure Markenschuhe, gut eingelaufen und „bergbewährt". Und daheim, ja toll, da stehen meine handgearbeiteten, zwiegenähten Griffschuhe!

Die frei herumschlappenden Profilsohlen muss ich jetzt endgültig entfernen. So kann man nicht laufen. Die letzten Kilometer geht's nun – gleichsam barfuß – zuerst über eine frisch und saftig gedüngte Wiese, dann weiter auf dem geschotterten Talweg zum Gasthaus. Das ist ein außergewöhnlicher Wandergenuss. Wer, so frage ich Sie, hat sich je für einen Gams die Sohlen buchstäblich abgelaufen?

Aber ganz gleich, der Bock ist mein. Doch am morgigen Jagdtag, wo ich mich um ein Reh kümmern wollte – da wird nun wieder nichts draus.

Die Kühltruhe bleibt leer.

Im Gasthof angekommen, bemerken wir, dass der Wirt eine CD aufgelegt hat. Wohl zur Aufmunterung der Gäste, die ebenfalls im Nebel hocken, ertönt passend zu meinem Schuhwerk das schöne Lied „O sole mio". Nur ohne „h".

Der vom …

Sie kennen gewiss die Jagdgeschichten, die so ähnlich heißen wie „Der vom Höllbach“, „Der vom Geisterwald“, „Die von der nassen Wand“ … Es handelt sich immer um ein bestimmtes Wild, das dort seinen Einstand hat. Manchmal hat man dem Tier einen Namen gegeben, ich habe auch solche Geschichten geschrieben. Es geht aber dabei um ein wildes Geschöpf, das sich nicht wie ein Haustier unserem Ordnungssinn unterordnet und sich somit nicht, bis auf wenige besonders standorttreue Exemplare, auf eine gewisse Gegend festlegen lässt. In unserer kultivierten Umwelt, wo alles kleinräumig, begrenzt, eingeengt und fern von echter, unberührter Natur ist, rücken wilde Kreatur und Mensch notgedrungen näher zusammen. Da ist es nicht zu vermeiden, dass man einem Tier so oft begegnet, ihm auch persönlich nahe kommt, dass ihm dann auch ein Namen, zur Unterscheidung von anderen, gegeben wird.

Wie will man's auch anders machen? Eine Nummer geben? Wie der Wissenschaftler, bei dem ein bestimmter Bär beispielsweise KD 3 heißt? Wie nüchtern! Besser hört sich's an, wie's der Bauer macht, der im Stall die Kuh „Lieserl“ und das Ross „Seppl“ hat. Man muss schließlich wissen, von wem jeweils die Rede ist. Das ist unvermeidlich die Vorstufe zur Domestizierung. Wer dieser Zivilisiertheit entfliehen und noch auf richtig wildes Wild jagen möchte, der muss es im Urwald von Kanada, Alaska, Afrika oder Asien suchen. Da wird es ihm nicht passieren, dass ihn der Guide auf den Elch namens „Hansi“ oder auf den Löwen „Bubi“ führt.

Dieser Hirsch, von dem ich Ihnen erzählen möchte, ließ sich nicht auf die üblichen Abläufe der Zivilisationsjagd ein. Erwarten

Sie jetzt keine Geschichte von einem Kapitalhirsch, nach dem Motto, je kapitaler, desto spannender muss die Geschichte werden. Dieser Allgäuer Berghirsch war, als ich ihn entdeckte, ein ungerader Kronenzehner. Über Punkte und Gewichte will ich schweigen, denn sie sind mir keine Messlatte für größere oder geringere Jagd- und Erlegerfreude.

Unzählige andere Hirsche und Gams bekamen hier, wie in anderen Revieren, ob ihres Einstands einen Namen. Sicher kommt es vor und es ist normal, dass der eine oder andere zuweilen ganz woanders auftaucht. Bei diesem jedoch konnte man nie sagen, er steht da oder dort, der ließ sich nie auf einen gewissen Platz festlegen. Das ganze, riesige Revier mit seiner Längsachse von elf Kilometern, gesäumt und begrenzt von steilen, felsigen Graten bis zur Höhe von 2.600 Metern war seine Heimat. Und wer wollte ihn hindern, die Reviergrenzen zu überschreiten und über die Schneid in die Spielmannsau, übers Warmatsgund ins Kleinwalsertal oder gar über die südliche Landesgrenze ins Tiroler Lechtal zu ziehen? Einen sicheren Einstand schien er nur während der Kolbenzeit zu haben. Und der lag genau in Blickrichtung von unserem Frühstücksplatz vorm Jagdhaus.

Etwa 300 Meter oberhalb der Talsohle gibt's einen sanften, ungefähr 60 Meter breiten Absatz im kirchendachsteilen Gelände unterhalb des Wildegundkopfes. Auf dessen Blößen, von Latschen und Jungfichten gesäumt, versammeln sich im Frühsommer die Feisthirsche. Saftige Bergkräuter, vollkommene Ungestörtheit, es gibt dort weit und breit keinen Steig, locken seit Generationen die silbergrausamtig gehörnten Basthirsche zu geselliger Äsung. Stundenlang konnte ich ihnen zuschauen, wie sie ruhten, ästen und behaglich mit malmenden Kiefern wiederkäuten. Christian Morgenstern kam mir dabei mit seinem Gedicht „Vice versa" in den Sinn: *Ein Hase sitzt auf einer Wiese, des Glaubens niemand sähe diese.* Nun, die Geweihten kümmerten sich nicht drum, ob ich sie sähe. In paradiesischem Frieden lagerten sie nebeneinander, nur schaute sie der Jäger, *ein Mensch, wohl im Besitze eines*

Zeißes vom vis-a-vis gelegnen Berg, an. Nicht ganz ohne Hintergedanken. Alle Altersstufen waren dort droben beieinander. Vom Zweijährigen bis zum reifen Althirsch, bei dem man bald erkennen konnte, ob er 14, 16 oder mehr Enden schieben würde. Einer von ihnen war jener langstangige ungerade Kronenzehner.

Wir saßen noch beim Frühstück, da schaute unser Berufsjäger Bernhard bei uns vorbei. Heut', dachte ich, ist er aber fein! Einen nigelnagelneuen Jagdhut hatte er auf. Wie immer sorgfältig bearbeitet und unter Wasserdampf in neue Form gebracht. Jeden seiner Hüte – im Allgäu trägt man gewöhnlich spitzige Jagdhüte – formte er zum runden, flachen Kochtopf. „Zur Hirschbrunft", sagte er, „wenn Gäscht kummet, will i nobel üslüege."

Ich winkte ihn an das auf dem Tisch stehende Spektiv heran.

„Was hältst du von dem dunklen Hirsch, der da ganz rechts steht? Linksseitig hat er eine Dreierkrone und beidseitig fehlen die Mittelenden."

„Achte wird a sing", meinte nach kurzem Blick der Jäger. „Vo dr Fuetterung kenn i dean it. Der wär' doch ebbas fir di! A gonz a güeta IIb isch des! Dean packsch de!", so der Bernhard.

Das war der Zündfunke. Da ahnte ich noch nicht im Entferntesten, wie nahe, wie allzu nahe sich Wild und Jäger einmal kommen würden.

In dem Jahr hatte ich keinen Hirsch der Klasse I frei. Das geschah im Wechsel von Jahr zu Jahr. Es war wichtig, dass dieser IIb-Hirsch noch nicht zehnjährig war, denn dann wurde er automatisch zum „Einser", wie gering er auch sein mochte. Eine etwas seltsame Regelung der Hegegemeinschaft, danach musste ich mich jedoch richten. Demnach hätte ein zehnjähriger Sechser auch zum Einserhirsch werden können. Zwei Jahre zuvor hatte ich einen ebenfalls ungeraden, ein „Punktejäger" würde sagen, geringen, ungeraden Kronenzehner geschossen. Es war eine spannende Jagd, unvergesslich, keine Facette daran möchte ich missen. Wir hatten ihn alle als neunjährig angesprochen, allen voran Bernhard, der als Hirschvater alle seine „Kinder" gut kannte. Als der Hirsch dann gestreckt war, stellte sich heraus, dass er zumindest zehnjährig war. Damit hatte ich meinen „Einser" für jenes Jahr erlegt. In meinem Buch „All das ist Jagd" habe ich im Kapitel „Der Mondhirsch" von ihm erzählt. Mir war er jeden Verzicht auf einen endenreicheren, weit stärkeren Hirsch wert.

Als der August sich dem September zuneigte, die älteren Hirsche längst verschlagen hatten, die Feistzeit langsam zu Ende ging, trennte sich ein Hirsch nach dem anderen von der friedlichen Gemeinschaft. Die Bühne da droben gehörte nun dem Kahlwild und den Gams. Eine gewisse Unruhe trieb die älteren Hirsche auseinander. Ein paar Wochen noch, dann würden sie als erbitterte Gegner um die Gunst des Kahlwilds alle Harmonie der vergangenen Monate vergessen haben.

Am Ende der Blattzeit begegnete ich dem Namenlosen wieder, als er zusammen mit einem Sechzehnender bei meinem Ansitz auf den „Himbeerbock" auftauchte. Ich erkannte ihn gleich wieder an seiner auffallend dunklen Decke, dem weit geschwungenen Geweih und an seiner linksseitigen Krone. Lange konnte ich die raue Perlung bewundern. Ans Schießen wollte ich nicht denken. Es erschien mir allzu sicher, dass wir uns zu einem späteren Zeitpunkt wieder begegnen würden. Voll fixiert auf den kapitalen Rehbock – um den ja nicht zu vergrämen – versagte ich mir den Schuss auf die problemlos zu erringende, nahe Beute.

Wenn ein Jagderfolg zu leicht, zu schnell zu haben war, da habe ich schon oft gezögert. Das haben die Waldgeister, Diana, Hubertus oder wer auch immer mir zuvor freundlich gesonnen war, herzlich übel genommen. In diesem Fall muss es wohl die Göttin Diana gewesen sein, denn ein schönes Weib, dem man eine holde Gunst schnöde zurückweist, das darf zu Recht beleidigt sein.

Nachdem meine Frau den Himbeerbock erlegt hatte, gab's auch für mich keine besonderen Rehbock-Pläne mehr. Wenn sich noch eine Gelegenheit ergeben sollte – nun, ich würde nicht Nein sagen. Es waren ja noch ein paar frei. Aber jetzt wollte ich mich, bevor die Brunft begann, ausschließlich um den Zehner kümmern.

Das erschien mir leicht, denn vor zwei Tagen hatte ich ihn, wie bereits erwähnt, droben beim „Arbonte“ entdeckt. Also zog ich wieder hinauf zu meinem Bodensitzerl. Da, so rechnete ich, müssten die Feisthirsche ja bald wieder auftauchen, zumal sie beim ersten Zusammentreffen in ihrem neuen Einstand vollkommen ungestört geblieben waren. Kein Schussknall, keine Witterung hatte ihnen meine Anwesenheit verraten.

Am nächsten Tag, nachdem wir den Himbeerbock gebührend gefeiert hatten, zog's mich wieder zu meinem gewohnten Ansitzplatz. Diesmal schlich ich den inzwischen wohlbekannten Steig schon in stockpechfinsterer Nacht hinauf. Eine Taschenlampe, bei der man grünes Licht einschalten kann, erleuchtete mir den Weg. Man sagte mir, das grüne Licht würde dem Wild den Jäger nicht so verraten wie das weiße. Einen Beweis dafür konnte ich bislang noch nicht finden. Es war immer noch ungewöhnlich warm. Tags zuvor waren es sogar noch 30 Grad gewesen. Lauer Wind wehte von Süden herein. Am Himmel funkelten Milliarden Sterne wie Diamantensplitter, wie von einem Verschwender mit vollen Händen ins All geworfen. Die schmale Mondsichel war schon vor Mitternacht hinter die Schafalpköpfe gen Westen hinabgesunken. Ich hoffte, dass das Wild bei solch schwarzer Nacht erst im Morgenlicht zur Äsung ziehen würde.

Zögernd kam der Tag herauf. Schläfrig stand der Wald in der Dämmerung. Das seidige Licht wurde allmählich klarer, die Farben erwachten. Kein Vogelsang, nur von fern das Rauschen des Bergbaches. Urplötzlich war Leben um mich her. Wie unverhoffter Vogelzug tauchten auf einmal Meisen, Finken, Laubsänger, Grasmücken, Goldhähnchen um mich herum in den Bäumen auf. Was hatte das zu bedeuten? So etwas hatte ich noch nie erlebt. Nach einer Viertelstunde waren alle wie ein Spuk verschwunden. Geisterhafte Stille senkte sich über den Bergwald. Sonderbar, dieser Vogelzug! Bis in die neunte Morgenstunde harrte ich lauschend und schauend aus, dann trieb mich der Hunger hinunter ins Jagdhaus.

Am Nachmittag wollte ich es nun auf der Stiegemne probieren. Sie liegt zwischen dem Sommereinstand der Feisthirsche und dem Arbonte. Da gibt es einen Platz oberhalb der Fahrstraße, wo man hinter einem tischhohen Felsblock wunderbar gedeckt hocken kann und in alle Richtungen guten Ausblick hat. Sogar zur drüberen Bergseite in die Brünst, wo meine Frau den Himbeerbock geschossen hatte. Der pfludrige Wind, der alle Augenblicke aus anderer Richtung blies, hatte zugenommen. Ein Wetterumschwung stand greifbar bevor. Und das hat das Wild gar nicht gern. So blieb auch dieser Abend ohne Anblick von Rotwild. Nur ein paar ziegengelbe Gams standen auf dem breiten Eschbachgehren und ästen mit nickenden Häuptern ihre Bergkräuter. Aus dem Rucksack holte ich, was ich hin und wieder tue, ein Buch. Diesmal den „Seelenbräu“ von Zuckmayer. Eine wunderbare, menschliche Geschichte. Vollkommen unmodern. Heutzutage würde so etwas wohl kaum verlegt werden. Perverses verkauft sich besser.

Das schwindende Licht mahnte, das Buch verschwand im Rucksack. Doch so sehr ich jetzt in der letzten, der „heiligen Halbstunde“ des Tages die Umgebung absuchte, außer den Gams zeigte sich kein Haar. Nachts dann wusste ich warum. Sturm brauste ums Haus, rüttelte klappernd an den Lärchenschindeln und dann prasselte niederstürzender Wasserbraus aus den geöffneten Schleusen des Himmels. Donnerschläge wuchteten, dass die Scheiben leis’ erklirrten. Die Frühpirsch, so dachte ich, wird ins Wasser fallen. Doch so um die dritte Morgenstunde war kein Regengeplätscher, kein Gurgeln des Wassers in den Regenrinnen mehr zu hören. Hoffnung kam auf. Aber als ich scheu aus dem Fenster spähte, blendete ein früher Winter herein. Die Laubbäume ließen in schwerer Last die Zweige hängen. Der Wind war eingeschlafen. Seidenweißer Nebel zog um die Hänge.

Nach solch frühem Schneefall bleibt das Wild für ein, zwei Tage in seinem Einstand. Wir mussten auf besseres Wetter warten. Das Vieh wurde jetzt von den Hochalmen auf die Niederalmen, in die „Schneeflucht“, hinuntergetrieben. Das gab zusätzliche Unruhe. Die Jagd ruhte.

Dann jedoch fauchte nach zwei Tagen der Föhn herein und ließ mit heißem Anhauch den Schnee verschwinden. Stillach und Rappenalpbach schäumten kakaobraun. Zweige und kleine, entwurzelte Fichten ritten auf tosenden Wassern zu Tal. Überall lagen, von der Schneelast abgebrochen, Äste herum. Wollte ich ins hintere Tal fahren, musste ich eine Säge mitnehmen. Besser wär's, ich hätte eine Schaufel dabei gehabt, denn an einer Engstelle versperrte eine Lawine die Straße. So musste ich umkehren und mich nochmals an meinen alten Plätzen ansetzen. Aber als sich nach weiteren zwei Tagen keiner der Hirsche anschauen ließ, beschloss ich, es weiter hinten im Tal zu probieren.

Es gab da am Weg hinauf zu den „Biberkörb'“ eine verlockende Äsung, die jetzt, wo das Vieh noch nicht wieder hinaufgezogen war, die Feisthirsche sicher anziehen könnte. Ein niedriger Hochsitz stand nahe beim Weg. Meine junge Schweißhündin Silva, die heuer zur Vorprüfung gemeldet war, legte ich an der Leiter ab. Noch gar nicht lange saß ich, da zog ein Knopfbock auf wenige Meter heran. Die Hündin hatte ihn längst gesehen. Vor Jagdlust zitternd lag sie brav an ihrem Platz. Plötzlich machte der Bock einen Ausfall gegen uns hin, sprang in die Höhe, offenbar eine Rachenbremse abwehrend. Die Hündin richtete sich zwar auf, blieb aber am Platz. Der Knopfer eräugte uns nicht, hatte auch von uns keinen Wind und zog, mit tollen Verrenkungen und Bocksprüngen das lästige Insekt abwehrend, weiter. An Schießen, so verlockend es auch sein mochte, war jetzt nicht zu denken. Da hätte ich die Unerfahrene nur schusshitzig und rehnarrisch gemacht. Weit oben auf der Almfläche zogen im letzten Licht ein paar Feisthirsche. Mein Zehner war nicht unter ihnen.

Am Abend bat mich der Jagdherr Sepp, ich solle anderntags droben am „Glei“ die verwilderten Schafböcke vertreiben. Die Hirten hätten sie unerlaubterweise dort zurückgelassen und nun würden sie mit ihrem Gestank das Wild vergrämen. Ich hätte einen Hund, der könne doch schon mal ein wenig üben.

Wir stiegen am Vormittag hinauf, doch weit und breit kein Schafbock zu sehen. Als wir uns zum Rasten niedersetzten, griff unvermittelt eine Wespe die Hündin an und stach sie in den Kopf. Noch dachte ich mir nichts dabei. Doch dann schwoll ihr edler Kopf unmäßig an. Sie sah aus wie ein Bulli. Alles Kühlen mit dem eisigen Wasser des Glei-Baches brachte keine Linderung. Wir fuhren eiligst zum Jagdhaus. Inzwischen war die Schwellung weiter angewachsen, sodass wir Sorge um die Hündin hatten. Nachdem wir sowieso am nächsten Tag abreisen wollten, packten wir in Windeseile zusammen und brausten gen München. Von unterwegs rief meine Frau den Tierarzt-Notdienst an, der die Hündin sofort behandelte. Silva bekam eine Cortisonspritze, die dann noch drei weitere Tage hindurch wiederholt werden musste. Jahre später passierte ihrer Nachfolgerin das gleiche Malheur, doch da hatten wir Glück. Mein Begleiter, der Baur Oskar, war ein Heiler. Auch über diesen Vorfall habe ich andernorts erzählt.

Vor der Brunft waren wir wieder im Tal. Ich musste zuschauen, dass ich den Hirsch noch vorher erlegte, denn während der Brunft wird nur auf die „Einser“ gejagt. Sind die jedoch erlegt, in jenem Jahr waren es vier an der Zahl, dann darf auch wieder anderes Wild geschossen werden.

An allen Erfolg versprechenden Plätzen hockte ich mich krumm. Der Hirsch war verschwunden. Auch die anderen Jäger, die jetzt eifrig zum Beobachten unterwegs waren, konnten nichts von einem so markanten ungeraden Zehner berichten.

Und dann kamen die Tage der Brunft. Mein Freund Horst, mit dem wir uns die Wohnung im Jagdhaus teilten, war heuer mit dem Einser dran. Ein ihm zugedachter Hirsch namens „Jovi“ hatte seinen Einstand droben am Gruabach. Das ist ein riesiges, sonnseitiges Latschenfeld, wo das Wild so reichlich drinsteckt wie die Mäuse im Mehlsack. So wurde das Gruabach auch bezeichnet.

Bevor Horst kam, war's an mir, zu beobachten, wo der „Jovi“ seine Fährte zog. Es war sicher, dass er sich nach dem Kahlwild richten würde, das dort oben seinen Einstand hat. Als dann der Freund kam, hatte ich den Hirsch mehrmals von einem günstigen Ansitzplatz aus bestätigt. Der liegt auf einer doppelt stubenhoch über den Hang ragenden, von Latschen gesäumten Felskuppe. Von da aus hat man guten Ausblick auf eine etwa 15 Meter breite Schneise im riesigen Latschenmeer, das sich weit bis unter die Gipfelwände der Schafalpköpfe hinaufzieht. In dieser Schneise lockt saftige Äsung und – in Kugelschussentfernung – eine Suhllacke. Der Wind spielt hier keine große Rolle, denn er geht in den Ansitzstunden immer bergab, wo weder ein Einstand noch ein Wechsel ist. Man musste nur beim Weg zum Ansitz eine grasbewachsene Steilwand durchsteigen. Bei Nässe ein gefährliches, rutschiges Unterfangen. Jede andere Möglichkeit, dorthin zu gelangen, war mit der Gefahr verbunden, das Wild schon vorzeitig zu vergrämen.

Bereits am frühen Nachmittag, als der Wind wieder talwärts zog, saßen Horst, Bernhard und ich an unserem Ansitz auf dem Felsköpferl. Kühl zog der Abendhauch ins Tal. Grashänge und Felsen am jenseitigen Biberkopf begannen im Abendlicht zu erglühen. Langsam stiegen die Schatten immer höher, das Zauberlicht erlosch. Ringsum ertönte das Konzert der Hirsche. Kahlwild zog zur Äsung auf die Schneise. In einige schmale Latschengassen konnte man hineinblicken und sah, wie sich das Wild im Dschungel der Zunder der freien Fläche näherte. Hin und wieder ragte ein Geweih für kurze Augenblicke über das grüne Meer der Wipfel. Und dann betrat, wie von mir bestätigt, nach kurzer Zeit der Platzhirsch die Bühne. Alles schien nun einfach und schnell zu gehen. Kaum hatte Bernhard ihn ebenfalls als den „Jovi“ angesprochen und Horst bejahend zugenickt, warf sich der Hirsch aufplatschend in die Suhle. Genüsslich wälzte er sich, dass der Schlamm spritzte. Der Freund war bereits in Schussposition, hatte den Finger am Abzug, da tauchte in der Verlängerung der Schneise ein geringer Beihirsch auf. Blitzschnell war der alte Vierzehnender auf den Läufen, aus der Suhle heraus und stürzte sich wütend auf den Nebenbuhler. Vom Morastbad schwarz wie der Teufel, Schlamm und Wasser sprühend, jagte er dem Rivalen hinterdrein. Fort ging die Hatz, hinein in die Latschen.

Enttäuscht wollte sich Horst aufrichten, doch Bernhard bedeutete ihm, wachsam in Schussposition zu bleiben, gleich würde der Sieger zurückkehren. Minuten verstrichen. Weiter oben am Berg hörte man ihn mit Sprengruf sein Rudel zusammentreiben.

Urplötzlich stand ein anderer Geweihter auf der Schneise. Auffallend dunkle Decke. Rechts Sechserstange, links ungrad' zehn. „Mein" Hirsch. Da also trieb er sich herum. Verflixt! Ärger und Enttäuschung schnürten mir die Kehle zu. Jetzt nicht schießen zu dürfen! Das hätte den Platz für Tage verdorben und dem Freund den Hirsch vergrämt. Ich hörte beinahe das Hohnlachen der beleidigten Diana. „Wart nur!", dachte ich mir. „Nach der Brunft, da hol ich dich!"

An diesem Abend kehrte „Jovi" nicht mehr zurück. Mit der einbrechenden Nacht war die letzte Chance geschwunden. Wir machten uns heimlich, teilweise auf dem Hosenboden den Grashang hinabrutschend, davon. Am nächsten Morgen regnete es, was der Himmel hergeben konnte. Weiter oben, ab 1.600 Metern, war's nun winterlich weiß. Trübselig hockten wir in unsere Lodenkotzen gehüllt, froren mit unseren Hunden um die Wette. Nur ein Spielhahn marschierte, traurig die nassen Sicheln hinter sich herschleifend, wenige Meter unter unserem Platz vorbei.

Am Abend, der Regen war dem Föhn gewichen, saß ich anderweitig beim Beobachten, da krachte droben am Gruabach der erhoffte Schuss. Erst um halb elf in der Nacht kamen die beiden Jäger, völlig fertig, vom Berg. Der Hirsch lag, die Freude war groß, nur waren den beiden die Taschenlampen ausgefallen, was den Heimweg in schwarzer Nacht in dem steilen Gelände zum Abenteuer werden ließ.

Noch war der letzte Erntehirsch nicht gefallen, noch musste ich mit meiner Jagd auf den IIb-Hirsch warten. Trotzdem kam ich nur wenig ins Bett. Beobachten, helfen beim Liefern, helfen beim Feiern, die Brunft ist kein Strandurlaub. Nur Kaffee, Kaffee, so dick, eher zum Kauen als zum Trinken, hielt mich wach. Jäger haben's nicht leicht.

Die Tage gingen zu schnell vorüber, der „kleine Nebenberuf" rief uns zurück in die Zivilisation. Kein Wochenende wollte für die Jagd frei werden.

Und dann kam auch noch die Hochzeit eines lieben Freundespaars. Ich erzähle dies, weil sich ein originelles Erlebnis dörflichen Lebens um dies Ereignis rankt. So etwas ist in der heutigen, perfektionierten Zeit kaum mehr möglich. Braut und Bräutigam waren Jäger und hatten auch brav mit der Hochzeit bis nach Mitte Oktober gewartet, denn das ungeschriebene Gesetz war auch ihnen bekannt, dass während der Hirschbrunft weder geheiratet noch gestorben werden darf.

Meine Frau und ich sollten die Trauzeugen sein. Das Paar wohnte in einer kleinen ländlichen Gemeinde im tiefsten Niederbayern. Das Aufgebot hing, wie es Vorschrift war, seit Wochen im Gemeindeanzeiger und an einem Samstag sollte die standesamtliche Trauung, wie mit dem Bürgermeister abgesprochen, stattfinden. Die ganze Hochzeitsgesellschaft versammelte sich frohgemut, festlich aufgebrezelt, vor dem alten Bauernanwesen mit der schön gemalten Aufschrift „Rathaus". Das Wetter war prächtig, der Himmel bayrisch weiß-blau. Die Eingangstür zum Rathaus jedoch verschlossen. Was war da los? Zum Glück öffnete nach Klopfen und Rufen der Hausmeister. Verwundert bestaunte er den kleinen Menschenauflauf.

„Was wollt's es? Heit am Samstag is koana do! Da ham mir g'schloss'n!"

Nach kurzem Hin und Her ließ er uns endlich in die Amtsräume. Da saßen wir nun und warteten. Niemand kam. Warteten, bis dem Bräutigam die Geduld ausging. Auf die Frage, wo denn – zum

Kuckuck – der Bürgermeister bleibt, langte der Hausl schließlich zum Telefon.

„Du, Herr Burgermoaster, do waar (wäre) jetz a Hochzeit!"

Gemurmel auf der Gegenseite.

Triumphierend: „Er kimmt!"

Nach einiger Zeit knirschte draußen der Kies. Stoppelbärtig, mit wirrem Haar, in einen alten Lodenmantel gehüllt, polterte der Gemeindevater herein. Der offene Mantel ließ einen bunt gestreiften Schlafanzug sehen.

Kopfschüttelnd betrachtete er die Versammlung.

„Dass'ees scho do seid's!"

Es wurde eine sehr lustige Hochzeitsfeier.

In jenem November war ich bei einem Freund in Kärnten auf Gams eingeladen. Obwohl es in unserem Revier ein Gamsjagern vom Feinsten und Besten war, so reizte mich doch das Neue. Andere Berge, andere Jäger, anderes Wild. Und die Kärntner Gams aus dem Gailtal sind nicht grundlos so berühmt. Dafür sollte der Freund im kommenden Jahr meinen Einserhirsch erlegen, denn in seinem Revier war Rotwild rar.

Für Gams lasse ich alles stehen und liegen. Das konnte einst ein mir wohlgesonnener Redakteur einer renommierten Jagdzeitschrift nicht ahnen, als er mir im Tausch gegen einen Gamsbock einen schwarzen Rehbock in der Lüneburger Heide anbot. Ich glaube, nicht für fünf Rehböcke, so schwarz sie auch sein mochten, hätte ich auf ein Gams verzichtet.

Der Kärntner Freund war schlecht zu Fuß, überzählige Kilos sind keine Aufstiegshilfe. Den Gams in der Höhe bekam das gut. Und mir bescherte es einen meiner stärksten Böcke. Auf anderen Blättern habe ich davon erzählt.

Der Dezember brachte viel Schnee und große Kälte. Beim Kahlwildjagern schaute ich mir die Augen nach dem Zehner aus. Vergebens. Hatten ihn die Nachbarn jenseits der Berggrate erlegt? Und dann kam Weihnachten und wir wollten nur noch bis Silvester jagen. Der Abschuss war zwar immer noch nicht ganz erfüllt, doch das Wild brauchte endlich Ruhe.

Nach den Feiertagen hatte ich mir einen Platz – „beim Bräune“ – ausgesucht, wo man von einer Kanzel aus guten Rundumblick hat, vor allem auf einen Wechsel, der auf halber Höhe über einen Lawinenhang unter den Felswänden führt. Es hatte seit Tagen nicht mehr geschneit und so waren Fährten und Wechsel gut zu erkennen. Noch bei vollem Licht zogen einige Stück Rotwild zu einer etwa 800 Meter entfernten Fütterung über die etwa 20 Meter breite Lawinengasse. Zu schnell verschwanden sie jenseits der freien Fläche. An Schießen war nicht zu denken. Im lockeren Bestand schaute ich ihnen mit dem Glas nach, da nahm ich im Augenwinkel eine weitere Bewegung wahr. Oberhalb der Stelle, wo das Wild soeben durchgezogen war, standen drei Hirsche frei im Hang. Es durchfuhr mich wie ein Schlag. „Mein“ Zehner stand mitten unter ihnen! Bis dort hinauf waren's aber gut 400 Meter. An Schießen kein Gedanke. Also lebte er noch! Das war eine Erleichterung. Die Geweihten zogen weiter wie zuvor das Kahlwild.

Eine einzelne Rehgeiß, kaum waren die Geweihten über die Schneise, trat aus dem gegenüberliegenden Bestand. Ich ließ sie ziehen. Jetzt hatte ich Besseres vor und das mochte ich mir nicht in letzter Minute durch einen Schuss verderben. Bis die Nacht herabgesunken war, wollte ich noch ausharren, damit ich ja nicht beim Fortgehen mit einer schmälenden Geiß die Hirsche vergrämte. Mein Freund, der Sperlingskauz, unterhielt mich mit seinem Pfeifen der aufsteigenden Tonleiter – „ü – ü – ü – ü – üi“. Mit dem Glas suchte ich die Randbäume ab, bis ich den Zwerg, den kleinsten unserer Eulen, oben auf dem Wipfel einer Fichte entdeckte.

Noch in der Dunkelheit war ich am nächsten Morgen auf der Kanzel. Und wieder begrüßte mich der kleine Kauz. Das nahm ich als gutes Omen! Zögernd, als wollte die Nacht nicht weichen, dämmerte der Tag herauf. Tiefernst und schwarz stand der Wald. Kein Laut ringsum. Selbst das immerwährende Rauschen des

Rappenalpbaches war im eisigen Griff des Frostes verstummt. Schattenkälte zog von der Höhe herab. Ganz allmählich erwachte das Licht, der Tag hatte die Nacht besiegt.

Und wieder, wie am Abend zuvor, zog das kleine Rudel Kahlwild auf seinem Wechsel dort oben durch. Diesmal in umgekehrter Richtung. Jetzt würden die Hirsche gleich kommen. Ich richtete mich ein, hatte beste Auflage gefunden, der Ellbogen ruhte auf dem Seitenholm. Die Spannung stieg. Minuten vertickten. Da schob sich oben im Hang der erste der „Horner“ in den Lahner, der zweite, der dritte. Aber ich hatte der beleidigten Jagdgöttin wohl noch zu wenig gebüßt. Diesmal waren sie noch weiter droben – gut 500 Meter, direkt unter den Felswänden. Aus der Traum!

Ich war über mich erstaunt. Ich war nicht einmal enttäuscht, wozu ich eigentlich Grund genug gehabt hätte. Es kam mir vor, als hätte ich ein wunderbares, spannendes Buch angefangen, das noch viele Seiten gelesen werden wollte. Ich freute mich aufs kommende Jahr.

Wie in jedem Frühsommer bot sich droben unterm Wildegundkopf das gleiche Schauspiel der Basthirsche. Wieder war jener auffallend dunkle Hirsch unter ihnen. Links zeigte er wie im Vorjahr eine Achterstange. Aus der rechten wurde ich anfangs nicht recht schlau. Es sah ganz nach einer Viererkrone aus. Bernhard hatte ein Spektiv, das mit seiner 60-fachen Vergrößerung meine Vermutung bestätigte. Tatsächlich, nun war er ein ungerader Zwölfer.

Erst im September kam ich wieder dazu, nach ihm zu schauen. Wieder probierte ich es am Arbonte. Wieder blieb die Bühne leer. Den Mitjägern gegenüber konnte ich den Hirsch nun nicht mehr mit einem Tabu belegen. Aber der Hirsch war, bis die Brunft begann, wiederum verschwunden. Bernhard tat ich beinahe leid. Er meinte, in seiner Begleitung würde es sicher besser klappen. Ich ließ mich gerne überreden. Gemeinsam probierten wir die vielfältigsten Erfolg versprechenden Plätze. So auch eines Nachmittags bei der „schwarz' Hütte" am „Brennte-Wing-Gehren". Von einem Bodensitz aus hatten wir einen breiten Lahner vor uns. Das Vieh war bereits zu Tal getrieben, die weite Fläche gehörte nun allein dem Wild. Weiter oben zogen sommerlich gelbe Gams, dann Tier, Kalb und Schmalspießer. Beim schwindenden Licht trat aus den Laublatschen, einen knappen Kugelschuss entfernt, ein Gabler aus. Kurze Augenden, unterarmlange Stangen.

„Dean packsch!"

Ohne zu zeichnen flüchtete der Zweijährige auf den Schuss über den Gehren. Sekundenkurz dachte ich, ich hätte gefehlt, doch ehe er den jenseitigen Rand erreichte, versagten seine Läufe und er schlittelte verlöscht den Grashang herab. Wir brachen ihn auf, wollten bei der „schwarz' Hütte" unseren Pick-up holen, da standen zwei weitere Autos davor. Drinnen erklang Harmonika. Die Hirten feierten Abschied vom Alpsommer. Mit Hallo wurden wir begrüßt. Die Gesellschaft hatte schon merkbar mit den Biervorräten aufgeräumt. Gegen die Spende der Hirschleber blieb auch für uns noch einiges. Bis spät in die Nacht wurde musiziert, gesungen, gejodelt und nebenbei wurden Leber, Herz und Nieren verspachtelt. Bevor uns die urige Gesellschaft mit ihrer unstillbaren Fresslust noch den Hirsch anschnitt, machten wir uns bei Sternenschein auf den etwas „nebligen" Heimweg.

Das kleine, unscheinbare Geweih des Gablers hängt heute in meinem Schlafzimmer und erzählt mir von dem stimmungsvollen Abschluss in der fröhlichen Runde dieser Bergmenschen.

Meinen Erntehirsch sollte, wie versprochen, der Kärntner Freund erlegen. Bernhard hatte im hinteren Bereich des Reviers bei der „Schmalzhalde" einen guten Einserhirsch ausgemacht. Dessen Einstand lag zwischen Talstraße und der gipfelnahen „Mindelheimer Hütte". Schon vor der Brunft, als wir auf der Suche nach dem „Meinigen" waren, ließ er sich von der Alpstraße aus anschauen. Bernhard, der stets originelle Namen für seine Hirsche erfand, hatte ihn auf den schönen Namen „Schwüngrad" getauft. Seine starken Zwölferstangen rundeten sich, wie bei einem Schwungrad, zu einem fast geschlossenen Kreis. Ein begehrenswertes Geweih.

Der Gast kam, die Brunft war in vollem Gang. Überall schrien die Hirsche wie die Löwen. Doch wie sah der Freund aus? Im Vorjahr noch glatt und rosig wie das „Alete-Prachtkind", war er nun grau und eingefallen, wie ein Ballon, dem Luft entwichen war. Das lodene G'wand schlotterte um seinen einst so wohlgerundeten Körper.

„Ja weißt du", gestand er mir, „das hat mich geärgert, dass ich nicht mit dir in die Gipfelregionen hinauf konnte. Zur Hirschbrunft bei dir im Allgäu wollte ich topfit sein. Da hab' ich mir eiserne Diät verordnet. Das war sauschwer und hat nix gebracht. Ein Bekannter wusste einen Wunderheiler irgendwo im oberen Drautal. Nach vielen Irrfahrten fand ich endlich zu ihm hin. Ein verhutzelter alter Schrat. Er hauste in einer windschiefen Hütte wie im Märchen vom Rübezahl. In seiner Stube schaute es verdächtig danach aus, als ob seine Hühner und Geißen auch dort schlafen würden. Er ließ mich auf einen wackligen Schemel hinhocken, betastete, beklopfte mich, murmelte unverständliches Zeug, befahl mir, mich ja nicht umzudrehen. Er rumorte hinter mir rum und machte irgendeinen heimlichen Hokuspokus. Dann war die Vorstellung à la ‚Wolfsschluchtszene' zu Ende. Mit verschwörerischer Geste überreichte er mir eine graue Pille. Die sollte ich gleich vor seinen Augen schlucken. Ich würde staunen, wie sie meinen Appetit zügeln würde. Zuerst jedoch staunte ich nur über den Preis. Der Falott wusste genau, was er verlangen konnte. Die eine graue Pille war teurer als die hochwertigsten Antibiotika. Doch o Wunder, die Kilos purzelten. Meine Frau war total begeistert. Aber ich fühlte mich elend. Immer elender, wie nie zuvor. Keine Kraft, kein Saft, nix los mit mir. Da war meine Eheliebste nimmer so begeistert. Ich ging zum Arzt. Bald kam die Diagnose: ‚Kapitaler Bandwurm.' Der Schlawiner von Wunderheiler hatte mir eine Pille mit Bandwurmeiern verpasst. Doch verklag' mal so einen!"

Bei allem Mitleid konnte ich mir ein Grinsen nicht verkneifen. Ich tröstete ihn, dass der Hirsch in Talnähe brunftete und er nicht in der Direttissima auf die Gipfel stürmen müsse.

Am selben Abend fuhren wir noch im letzten Licht zur Schmalzhalde. Da konnte er von fern seinen Hirsch anschauen. Es war bereits am Zunachten. Der Hirsch stand auch zu weit oben. In der kurzen Zeit, die noch verblieb, wäre jetzt, kaum dass der Gast da war, jeder Versuch ein totaler Krampf gewesen.

In aller Frühe, noch im Finstern, waren wir am Platz des Vorabends. Bernhard hatte sich gleich nach der Ankunft des Gastes erkundigt: „Was schuisch fir an Bolla?" Die Antwort, 300 Winchester, befriedigte den Jäger erst vollkommen, als der Probeschuss im Zentrum der Scheibe saß.

Die beiden pirschten bis zum Rand der Talebene, bevor das steile Gelände, mit Latschen und Weißerlen durchsetzt, ansteigt. Dort hockten sie hinter einem Felsbrocken, von dem aus der Gast gute Auflage für einen eventuell recht weiten Schuss hatte. Ich hingegen blieb etwa 30 Meter zurück. Von dort aus hatte ich besseren Einblick, da die beiden in der Steilheit des Geländes teilweise überriegelt waren. So konnte ich ihnen ein Zeichen geben, wenn der Hirsch, für sie nicht einsehbar, auftauchte.

Schon im Dunkeln hörten wir den „Schwüngrad" melden. Der Stimme nach konnte er etwa 300 Meter oberhalb der Jäger stehen. Im ersten Büchsenlicht zeigte sich Kahlwild, genau dort, wo ich den Hirsch vermutete. Immer weitere Stücke tauchten zwischen den Latschen auf. Und dann – der Hirsch. Mit dem Spektiv nahm ich ihn in die Linsen. Vor Schreck fiel es mir fast aus der Hand. Was sich da brettlbreit auf beste Entfernung in Positur stellte, war – „mein" Zwölfer. Himmel, Arsch und Wolkenbruch! Da sollte doch der Blitz dreinfahren! Wie letztes Jahr beim „Jovi". Absolut verhext! Die Gemeinheit war nicht mehr zu überbieten. Was trieb die Jagdgöttin da für ein Spiel mit mir? Ich machte Bernhard verzweifelte Zeichen. Der Erfahrene hatte die Situation jedoch längst erkannt und machte eine besänftigende Handbewegung:

„Bleib in der Ruh!“ Aufatmen! Kaum hatte ich mich etwas gefangen, trat der „Schwüngrad“ auf den Plan. Weit oberhalb, locker gut auf 300 Meter steil bergauf. Ich gab wieder ein neues Signal, denn die beiden konnten ihn noch nicht sehen. Kurz darauf sah ich den Freund die Büchse heben. Der Hirsch stand wie gemauert. Auf den Donner des Schusses hob es ihn vorn ein wenig an, er tat zwei, drei Schritte, wankte, die Läufe versagten und er stürzte, sich mehrmals überschlagend, niedere Büsche überrollend, zu Tal.

Den steilen Aufstieg zu seiner Beute wollte der Gast sich nicht nehmen lassen. Wir ließen ihm Zeit. Wir ließen ihn voraussteigen. Überglücklich, noch außer Atem vom Aufstieg, fiel er mir droben um den Hals. Das war wirklich ein bemerkenswert guter Hirsch. Wir haben später das Geweih gewogen. Bei den fünfeinhalb Kilo seines Berghirschgeweihs würde der Allgäuer sagen: „It gonz schleacht!“

Nach der Brunft, als die Einser erlegt waren und wieder „normal“ gejagt werden konnte, schaute ich eifrig hinten bei der Schmalzhalde nach meinem Zwölfer. Alles vergebens. Ich verlegte nun meine Jagerei auf die Gams, mochte er ziehen, wo er wollte, mir sollte er wohl nicht vergönnt sein. Wo er jetzt seine Fährte zog, das wusste nur der mit dem Pferdefuß.

Am oberen Rand der „Brünst“, jenem verwachsenen Schlag, oberhalb dessen sich felsige Partien bis hinauf zum Grat anschließen, hatte ich im August einen guten Gamsbock entdeckt. Um den wollte ich mich nun kümmern.

Auf jenem Bodensitz, von dem aus meine Frau im Vorjahr den Himbeerbock erlegt hatte, konnte ich die ganze untere Felspartie vor mir einsehen. Ein Wechsel quert sie in einer Entfernung von etwa 170 Metern. Nach dem Frühstück bummelte ich hinauf, machte es mir und meinem Hund bequem, ließ die Zeit verrinnen und genoss den milden Spätherbsttag. Eine Gamsgeiß mit Kitz, beide schon in schwarzer Winterdecke, standen auf dem Felsband des Wechsels. Zwei weitere Gams folgten und zogen gemächlich unter der Wand durch. Kurz darauf rührte sich wieder was dort oben. Es gab mir einen Riss. Ein Hirsch! Gleich hatte ich ihn im Spektiv. Alle grünen Geister! Ein freudiger Schreck fuhr wie ein Schlag in meine Magengrube. Er war's, er, der lang Gesuchte! Jetzt rasch! Es waren knapp 170 Meter, nicht allzu weit dort hinauf. Die Kipplaufbüchse auf den Holm, den Hut drunter geschoben! Leiser Stecherknips! Jetzt zog er ein paar Schritte weiter, verhoffte und der Finger berührte das Züngl. Tiefe Flucht, immer niedriger wurde der Hirsch und ehe das Echo des Schusses grollend verhallt war, warf es ihn aus der Wand. Ich sah ihn, sich überschlagend, hangab durch die Büsche prasseln. Steine polterten. Stille. Grenzenlose Stille. Für's Jagdfiebern war's zu schnell gegangen. Jetzt aber beutelte es mich gewaltig, mein Herz klopfte zum Zerspringen. Hatte ich das soeben geträumt? Nein, ich musste schnell hinauf und nachschauen, ob es wirklich wahr wäre.

Hund und Büchse nahm ich mit, kämpfte mich durch die Legföhren, schaute gespannt umher. Ja, da lag er! Mit dem Haupt nach unten hatten ihn die Latschen aufgefangen. Freude und stiller Jubel wollten meine Brust sprengen. Jetzt war er doch mein!

So, wie er gefallen war, konnte ich mich nicht in Ruhe an seinem Anblick weiden. Dafür wollte ich ihn ein wenig tiefer herab auf einen breiteren Absatz im Hang ziehen. Büchse und Bergstock waren mir im Weg. Zusammen mit dem Hund legte ich sie seitlich ab. Dann packte ich den Hirsch beim Geweih und zog. So sehr ich mich auch plagte, er rührte sich nicht. Ein Hinterlauf hatte sich unter einer Latschenwurzel verfangen. Herausgezogen. So! Jetzt noch mal mit kräftigem Ruck gerissen! Und dann rutschte, schoss der Hirsch, plötzlich vom Hindernis befreit, bergab, über mich, warf mich rücklings zu Boden. Vor meinen Augen wurde es Nacht.

Nach kurzer Zeit kam ich wieder zu Bewusstsein; der Hirsch lag auf mir. Irgendwas bewegte sich. Aha, es war meine Silva, die ihn am Hinterlauf gepackt hatte und wütend daran zerrte.

Mühevoll, mit brummendem Schädel befreite ich mich von der Last. Ab der Gürtellinie war ich getränkt vom warmen Schweiß des Verendeten. Ein großes Glück für mich, dass ich mit dem Kopf im federnden Gezweig der Latschen und nicht auf den Steinen aufgeschlagen war.

Es war eine sehr eigenartige, sehr nachdenkliche Halbstunde, die ich neben meiner Beute sitzend, den vergangenen Erlebnissen nachsinnend, verbrachte. Hätte ich ihn damals am Arbonte mit raschem Zugriff erlegt, statt wegen des Rehbocks zu verzichten – was wäre mir entgangen? War mir die Jagdgöttin wirklich übel gesonnen, beleidigt, dass ich das frühe Geschenk nicht sofort angenommen hatte? In meiner Ungeduld habe ich es so gesehen. Die große Erfüllung kann man nicht erzwingen, sie muss sich einem schenken. War dieses späte Geschenk nicht ungleich wertvoller mit seinen vielen kleinen und großen Begebenheiten? Es ist eine menschliche Eigenschaft, dass man alles möglichst schnell und leicht bekommen möchte. Die Jagd ist die große Lehrmeisterin, wer wach ist und Zeichen lesen kann, wird feststellen: Jagd ist gesteigertes Leben.

Sie werden mich fragen, ob ich an eine Jagdgöttin Diana glaube? Ich halte es so wie der alte Obermeier, seinerzeit Vorsitzender des Süddeutschen Jagdgebrauchshundeverbandes. Der hielt stets nach seinen Treibjagden, bei denen ich in jungen Jahren dabei sein durfte, mit seiner krächzenden Fistelstimme eine Dankesrede, die immer mit folgenden Worten begann: „Diana, die Hochgeschürzte, hat uns heut wieder unter ihr Röckchen schau'n lassen." Nun, ich bin sicher genauso wenig abergläubisch wie er. Zum Jagern gehe ich jedoch nur mit einer ungeraden Zahl an Patronen und wenn mir „schiache" alte Weiber auf dem Weg zur Jagd begegnen und dann auch noch „Viel Glück Herr Jäger!" rufen, dann drehe ich mich vorsichtshalber einmal um die eigene Achse und spucke heimlich dreimal aus. Man kann nie wissen!

Tatsache bleibt: Zum Schluss hat mir die göttliche Dame den Hirsch, zwar etwas unsanft, doch wie versöhnt auf den Schoß gepackt: „Da hast du ihn!"

Aus unserem Programm

ISBN 978-3-7020-1173-4

Aus unserem Hörbuch-Programm

ISBN 978-3-7020-1485-8